AF551421

EUL
VERLAG

Reihe: Marketing · Band 82

Herausgegeben von Prof. Dr. Heribert Gierl, Augsburg, Prof. Dr. Roland Helm, Regensburg, Prof. Dr. Frank Huber, Mainz, und Prof. Dr. Henrik Sattler, Hamburg

Prof. Dr. Frank Huber
Dr. Frederik Meyer
Dr. Maximilian Wagner
Dr. Isabelle Weißhaar-Fabiszak

Determinanten konstruktiver und destruktiver Beschwerde

Eine Analyse von Treibern verschiedener Beschwerdearten unter besonderer Berücksichtigung der Markenidentifikation

Bibliografische Information der Deutschen Nationalbibliothek

Die Deutsche Nationalbibliothek verzeichnet diese Publikation in der Deutschen Nationalbibliografie; detaillierte bibliografische Daten sind im Internet über <http://dnb.d-nb.de> abrufbar.

ISBN 978-3-8441-0587-2
1. Auflage Juli 2019

JOSEF EUL VERLAG GmbH
Zeithstr. 356
53721 Siegburg
Tel.: 0 22 05 / 90 10 6-80
Fax: 0 22 05 / 90 10 6-88
E-Mail: info@eul-verlag.de
https://www.eul-verlag.de

Bei der Herstellung unserer Bücher möchten wir die Umwelt schonen. Dieses Buch ist daher auf säurefreiem, 100% chlorfrei gebleichtem, alterungsbeständigem Papier nach DIN 6738 gedruckt.

Vorwort

Für viele Unternehmen gilt ein hohes Maß an Kundenorientierung als Leitgedanke im Marketing. Um diesem Anspruch gerecht zu werden, integrieren Unternehmen ihre Kunden zunehmend aktiv in die eigenen Wertschöpfungsprozesse. Auftretende kritische Ereignisse, wie die Nichterfüllung einer Dienstleistung, stellen dabei neuralgische Punkte für Kunden dar, die über den Fortbestand oder die Beendigung der Kundenbeziehung entscheiden. Deshalb werden diese auch als „Momente der Wahrheit" bezeichnet.

Aufgrund der besonderen Eigenschaften von Dienstleistungen sind Mängel bei deren Bereitstellung nahezu unvermeidbar. Da solche Defizite zu einer Beschwerde führen können, nimmt diese im Dienstleistungs-Kontext eine wichtige Rolle ein. Obwohl die Beschwerde als zentrales Feedback-Element von Kundenseite fungiert, wird sie selten als Chance gesehen die Bedürfnisse eigener Kunden besser zu verstehen. Damit ein Unternehmen adäquat auf Beschwerden reagieren kann, muss dieses allerdings das Beschwerdeverhalten seiner Kunden kennen und wissen, ob und wie genau sich Kunden aufgrund von negativen Vorfällen äußern.

Die vorliegende empirische Studie untersucht verschiedene Beschwerdearten im Rahmen eines auftretenden Service-Fehlers. Die Beschwerde kann gemäß dem Versuchsaufbau gegenüber dem Unternehmen oder gegenüber Dritten erfolgen. Dabei finden jeweils die Ausprägungen der rachsüchtigen und der problemlösenden Beschwerde Berücksichtigung. Als Determinanten dieser Beschwerdearten werden das Fehlerausmaß und der vom Unternehmen bereitgestellte Beschwerdekanal (Face to Face, Telefon, E-Mail) herangezogen. Ferner berücksichtigt die Studie das Konstrukt der Markenidentifikation und dessen moderierende Wirkung. Zusammenfassend kann festgehalten werden, dass das vorliegende Buch einen aktuellen Überblick zum Forschungsstand im Bereich des Service-Fehlers gibt und auf empirischer Basis untersucht, wie sich ein Service-Fehler auf die Beschwerdeart auswirkt.

Mainz, im Juni 2019

Prof. Dr. Frank Huber
Dr. Isabelle Weißhaar
Dr. Maximilian Wagner
Dr. Frederik Meyer

Inhaltsverzeichnis

Abbildungsverzeichnis

Tabellenverzeichnis

Abkürzungsverzeichnis

bspw.	beispielsweise
bzw.	beziehungsweise
DF	Degrees of Freedom (Freiheitsgrade)
et al.	et alii/aliae/alia (und andere)
etc.	et cetera
f./ff.	folgende/fortfolgende
FTF	Face to Face
ggü.	gegenüber
H_x	Hypothese X
inkl.	inklusive
insbes.	insbesondere
(M)AN(C)OVA	(Multivariate) Analysis of (Co)Variance
MI	Markenidentifikation
MW	Mittelwert(e)
No.	Numero (Heft)
NWOM	Negative Word of Mouth
o.g.	oben genannte(n)
pp.	paginae (Seiten)
PWOM	Positive Word of Mouth
SD-Logik	servicedominante Logik
sog.	so genannte(r)
u.a.	unter anderem
usw.	und so weiter
u.U.	unter Umständen
v.a.	vor allem
Vol.	Volume (Jahrgang)
vs.	Versus

1 Relevanz der Beschwerde im Service-Kontext

„No business can afford to lose customers, if only because it costs much more to replace a customer than it does to retain one – five times more".[1] Dieses Zitat verdeutlicht die Wichtigkeit der Kundenorientierung als Leitgedanke im heutigen Marketing sowie den Einfluss erfolgreicher Kundenbindung auf den Unternehmenserfolg.[2] Das in den 80er Jahren eingeführte Konzept der Kundenbeziehung unterstreicht darüber hinaus die Relevanz von Vertrauen und Commitment der Kunden ggü. Unternehmen. Weiterhin verdeutlich ein Beitrag von *Dwyer/Schurr/Oh* die besondere Rolle von Konflikten bereits in einem frühen Stadium zum Management von Kundenbeziehungen. Diese können zu einer effektiveren Kommunikation zwischen den Partnern einer Geschäftsbeziehung führen sowie zu einer kritischen Betrachtung bisheriger Leistungen.[3]

Darüber hinaus rücken neue Konzepte wie die *servicedominante Logik* (SD-Logik),[4] das *Customer Engagement* oder das *Phänomen des Crowdsourcing* in den Vordergrund.[5] Bei all diesen Konzepten werden Konsumenten verstärkt in den Mittelpunkt des Wertschöpfungsprozesses von Unternehmen gestellt.[6] Damit einher geht eine aktive Förderung eines interaktiven Dialoges mit dem Kunden, womit auch die Bedeutung der Beschwerde als zentrales Feedback-Element auf Kundenseite an Bedeutung gewinnt. In der Marketingforschung und -praxis wird ihr daher ein hoher Stellenwert zugeschrieben.[7]

Nach einer Studie des Kundenmonitor 2011 erkennen Verbraucher einen schlechten Service und reagieren empfindlich auf Defizite bei der Leistungserstellung.[8] Im Vergleich zu Produkten treten im Service-Kontext häufiger Fehler auf und können nie ganz vermieden werden.[9] Das Erkennen der Unzufriedenheit durch Kundenzufriedenheitsbefragungen stellt dabei nur

---

1 Hart/Heskett/Sasser Jr. (1990), S. 149.
2 Vgl. Webster Jr. (2009), S. 23; Bruhn (2012), S. 1 ff.
3 Vgl. Dwyer/Schurr/Oh (1987), S. 24.
4 Vgl. Vargo/Lusch (2004), S. 11.
5 Vgl. Wired (2012); Van Doorn et al. (2010), S. 253 ff.
6 Aus Gründen des Leseflusses wird das generische Maskulinum verwendet. Die Begriffe Konsument, Proband etc. beziehen sich jeweils auf beide Geschlechter.
7 Vgl. Gustafsson (2009), S. 1220.
8 Vgl. Kundenmonitor Deutschland (2011).
9 Vgl. Goodwin/Ross (1992), S. 149; Kelley/Davis (1994), S. 52; Hoffmann/Bateson (1997), S. 327; Karande/Magnini/Tam (2007), S. 188.

einen ersten Schritt dar, um die Bereitstellung von Dienstleistungen zu verbessern.[10] Die Gestaltung effizienter Maßnahmen zur Entschädigung im Schadensfall erfordert wiederum ein Verständnis der Determinanten des Beschwerdeverhaltens sowie des daraus resultierenden Konsumentenverhaltens.[11]

In Zusammenhang mit einer Beschwerde entstehen häufig negative Emotionen beim Kunden,[12] die bewältigt werden müssen.[13] Daher beschäftigt sich das Marketing in den letzten Jahren verstärkt mit diesen Emotionen und Bewältigungsstrategien aus Konsumentenperspektive.[14] Ziel dabei ist es, Verhaltensweisen als Antwort auf auftretende Fehler im Leistungserstellungsprozess erklären zu können. Für Konsumenten gibt es dabei eine Vielzahl von Alternativen, wie genau sie auf einen Service-Fehler reagieren können. Die Marketingforschung unterscheidet dabei allgemein folgende Beschwerdearten: Für den Konsumenten besteht die Möglichkeit nichts zu tun,[15] sich konstruktiv an den Anbieter zu wenden, anderen Kunden von negativen Erfahrungen zu berichten oder Rache am Unternehmen auszuüben.[16]

Die Wichtigkeit des Verständnisses der letztgenannten Rachekomponente, besonders wenn sie an andere Mitmenschen gerichtet ist, wird durch die steigende Anzahl aktueller Untersuchungen bestätigt.[17] Eine Form der Rache stellt dabei das *Negative Word of Mouth* (NWOM) dar, das weitreichende Folgen für Unternehmen haben kann: Konsumenten können durch die fortschreitende Entwicklung neuer (sozialer) Medien, v.a. über das Internet stärkeren Einfluss auf andere Kunden nehmen.[18] In vielen Studien wurde bereits das Beschwerdeverhalten analysiert,[19] jedoch erfolgt nur in wenigen Untersuchungen, wie bei *Gelbrich und Grégoire/Fisher,* eine genaue Aufschlüsselung in unterschiedliche Beschwerdeformen und deren

[10] Vgl. Hess Jr./Ganesan/Klein (2003), S. 127; Craighead/Karwan/Miller (2004), S. 307.
[11] Vgl. De Matos et al. (2009), S. 462.
[12] Vgl. Gustafsson (2009), S. 1221.
[13] Vgl. Yi/Baumgartner (2004), S. 303.
[14] Vgl. Chebat/Slusarczyk (2005), S. 664 ff.; Grégoire/Fisher (2008), S. 247 ff.; Gustafsson (2009), S. 1220; McKoll-Kennedy/Patterson/Smith (2009), S. 222; Gelbrich (2010), S. 567 ff.
[15] Vgl. Day/Landon (1977), S. 429.
[16] Vgl. Hibbard/Kumar/Stern (2001), S. 46; Gelbrich (2010), S. 568.
[17] Vgl. Grégoire/Fisher (2006), S. 32 ff; Grégoire/Fisher (2008), S. 247 ff.; Grégoire/Tripp/Legoux (2009), S. 18 ff.; Grégoire/Laufer/Tripp (2010), S. 738.
[18] Vgl. Grégoire/Fisher (2008), S. 256; Hennig-Thurau et al. (2010), S. 311.
[19] Vgl. z.B. Singh (1990a), S. 1 ff.; Chebat/Davidow/Codjovi (2005), S. 328 ff.; Mittal/Huppertz/Khare (2008), S. 195 ff.

Motive.[20] Darüber hinaus besteht ein Mangel an Studien zu kanalspezifischem Beschwerdeverhalten, insbesondere mit Bezug zum Online-Kanal.[21]

Daher ist es das Ziel dieser Studie, die Determinanten unterschiedlicher Beschwerdearten genauer zu betrachten. Dazu nutzt das Untersuchungsmodell das Fehlerausmaß sowie drei verschiedene Beschwerdekanäle, um deren Einfluss auf verschiedene Formen des Beschwerdeverhaltens zu untersuchen. Es erfolgt eine Differenzierung in die problemlösende und rachsüchtige Beschwerde ggü. dem Unternehmen sowie eine Aufschlüsselung des NWOM in ein hilfesuchendes und ein rachsüchtiges Element. Die zusätzliche Integration der Markenidentifikation (MI) als Moderator soll Klarheit darüber verschaffen, ob die Beziehung zu einer Marke das Beschwerdeverhalten positiv oder negativ beeinflusst.

Im Anschluss an dieses Kapitel erfolgt in Kapitel zwei eine Erörterung konzeptioneller Grundlagen sowie der zum Verständnis dieser Arbeit notwendigen Theorien. Zunächst wird der Service-Begriff genauer erläutert. Darauf aufbauend wird das der Studie zugrundeliegende Verständnis eines Service-Fehlers dargelegt sowie die daraus resultierenden negativen Emotionen beschrieben. Auf Basis bisheriger Forschungserkenntnisse sowie Theorien aus der Kommunikationsforschung werden in Kapitel drei dieses Buches die Forschungshypothesen hergeleitet. Kapitel vier veranschaulicht die Konzeption der Studie und skizziert den Ablauf der empirischen Untersuchung. Mit Hilfe von zwei durchgeführten Experimenten werden die aufgestellten Hypothesen anschließend varianzanalytisch überprüft. Nach der Präsentation der Ergebnisse sowie der resultierenden Implikationen für Forschung und Praxis fasst das fünfte Kapitel die zentralen Erkenntnisse dieser Studie zusammen und schließt die Arbeit mit einem Fazit ab.

[20] Vgl. Grégoire/Fisher (2008), S. 249; Gelbrich (2010), S. 570 f.
[21] Vgl. Zaugg (2008), S. 216.

2 Konzepte und Theorien zu Service und Beschwerde

2.1 Der Service und die neue Ausrichtung der servicedominanten Logik

Die traditionelle Auffassung des Marketings basierte lange Zeit auf einer Güterorientierung.[22] In den letzten Jahrzehnten erlebte das Marketing jedoch einen Wandel bedingt durch die rasante technologische Entwicklung im Service-Bereich sowie die allgemein stark zunehmende Bedeutung des Dienstleistungssektors.[23] *Services*, im Folgenden auch *Dienstleistungen* genannt,[24] sind heutzutage in nahezu allen Unternehmensbereichen vorzufinden und können als starke wirtschaftliche Entitäten bezeichnet werden.[25] *Kotler et al.* definieren einen Service als „immaterielle Leistung, die ein Anbieter einem Nachfrager gewähren kann und die keine Übertragung von Eigentum an irgendeiner Sache zur Folge hat".[26] Des Weiteren kann eine Dienstleistung nach *Rathmell* kurz als „a deed, a performance, or an effort" bezeichnet werden.[27]

Die in der Literatur häufig genannten Eigenschaften eines Services, die ihn von Produkten unterscheiden, werden unter den folgenden Punkten zusammengefasst: Ein Service ist nicht greifbar, sehr heterogen und vergänglich. Darüber hinaus ist die Trennung von Konsum (Inanspruchnahme) und Produktion (Bereitstellung) des Services nicht gegeben und ein wahrgenommenes Kaufrisiko besteht.[28] Eine Dienstleistung kann dabei eine reine Dienstleistung wie z.B. eine Versicherung, die Gesundheitsversorgung, Bildung allgemein oder ein Zusatz zu einem materiellen Produkt sein.[29] Da in vielen Fällen der Service direkt mit Produkten in Verbindung steht, ist eine strikte Unterscheidung oft nicht möglich (z.B. Auto-Reparatur).[30] Es existiert somit ein Produkt-Dienstleistungs-Kontinuum, in dem verschiedene Stufen der (Im)materialität den Grad der Dienstleistung bestimmen können.[31] *Abbildung 1* verdeutlicht dies anhand einer Reihe konkreter Beispiele.

---

22 Vgl. Vargo/Lusch (2004), S. 5; Moeller (2008), S. 197.
23 Vgl. Hoffmann/Bateson (2011), S. 13; Kotler et al. (2011), S. 686.
24 Die Begriffe Dienstleistung und Service werden, soweit nicht ausdrücklich erwähnt, synonym behandelt.
25 Vgl. Lapidus/Pinkerton (1995), S. 105 f.
26 Kotler et al. (2011), S. 692.
27 Rathmell (1965), S. 33; Für weitere Definitionen vgl. Homburg/Kuester/Krohmer (2009), S. 354.
28 Vgl. Zeithaml/Parasuraman/Berry (1985), S. 33f.; Homburg/Kuester/Krohmer (2009), S. 354.
29 Vgl. Zeithaml/Berry/Parasuraman (1993), S. 3; Kotler et al. (2011), S. 692.
30 Vgl. Cook/Goh/Chung (1999), S. 320; Hoffmann/Bateson (2011), S. 4.
31 Vgl. Kotler et al. (2011), S. 692 f.; Kotler et al. differenzieren hierbei fünf Stufen vom reinen Produktangebot bis hin zur reinen Dienstleistung.

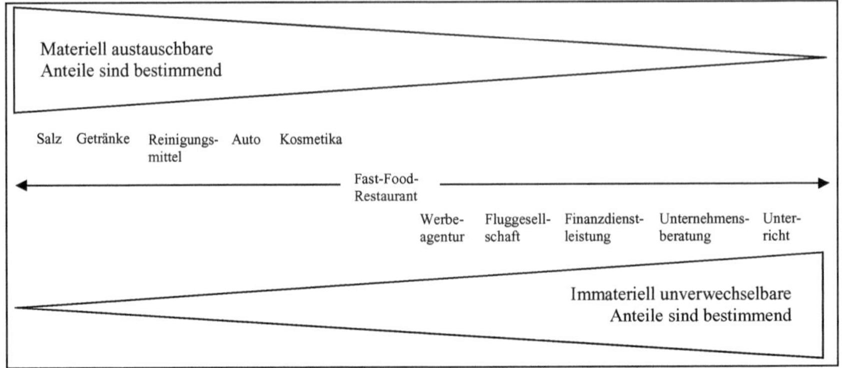

Abbildung 1: Das Produkt-Dienstleistungs-Kontinuum[32]

Eine genauere Definition einer Dienstleistung erweist sich als schwierig bzw. ist aufgrund der Komplexität und der teilweise fehlenden Trennschärfe zu Produkten kaum möglich. Daher nutzen Forscher und Praxisvertreter zur Unterscheidung verschiedener Services häufig Typologien, Schemata oder Klassifikationen.[33] Dabei kann zwischen eindimensionalen oder mehrdimensionalen Typologien unterschieden werden. Die ersteren charakterisieren bspw. Dienstleistungen anhand der Kaufphase, d.h. ob sie vor, während oder nach dem Erwerb bereitgestellt werden.[34] Die mehrdimensionalen Ansätze finden unter anderem bei *Lovelock* Verwendung. Dieser analysiert fünf verschiedene mehrdimensionale Klassifikationen und leitet daraus jeweils marketingspezifische Implikationen für die Praxis ab.[35] Ein Beispiel für eine solche Klassifikation ist die Unterscheidung nach der Natur der Dienstleistung, konkrete Transaktion vs. kontinuierliche Dienstleistung, sowie dem Beziehungstyp zwischen Kunde und Unternehmen (formale vs. nicht-formale Beziehung).[36] *Kotler et al.* dagegen ziehen zur Charakterisierung von Dienstleistungen das Rechtsverhältnis der Organisation (privat/öffentlich/gemischt), den Markttyp (Endverbraucher/Unternehmen), die Erfüllung der Dienstleistung durch Personen oder Maschinen, sowie die Qualifikation der Person zur Erfüllung (hoch/niedrig) eines Services heran.[37] In der Literatur existieren noch viele weitere Ansätze und Typologien zur Differenzierung von Dienstleistungen, auf die allerdings hier

[32] Eigene Darstellung in Anlehnung an Kotler et al. (2011), S. 692.
[33] Vgl. Cook/Goh/Chung (1999), S. 320; Homburg/Kuester/Krohmer (2009), S. 356.
[34] Vgl. Homburg/Kuester/Krohmer (2009), S. 356.
[35] Vgl. Lovelock (1983), S.10 ff.
[36] Vgl. Lovelock (1983), S. 12.
[37] Vgl. Kotler et al. (2011), S. 693.

nicht weiter eingegangen wird.[38] Es bleibt abschließend festzuhalten, dass es keine allgemeine Kategorisierung einer Dienstleistung gibt, sondern diese immer zweckgebunden ist und an die jeweilige Situation angepasst erfolgt.

Im Jahr 2004 setzte eine Studie von *Vargo/Lusch* einen Anreiz für ein Umdenken im Marketing. Ihr Artikel *Evolving to a New Dominant Logic for Marketing* wurde zum meistzitierten Artikel im Zeitraum 2000 bis 2009 im Journal of Marketing ausgezeichnet.[39] Die beiden Autoren argumentieren, dass das heutige Marketing Abstand von konkreten Transaktionen nimmt.[40] Ihr Ansatz stellt eine SD-Logik in den Vordergrund, die Wissen und Fähigkeiten sowie die Kundenbeziehung als zentrale Komponenten zur Wertschaffung sieht.[41] Damit wird dem Marketing eine interaktive und dominante Rolle im gesamten Unternehmensprozess zugesprochen.[42] Der Definition von *Vargo/Lusch* folgend ist ein Service als „the application of specialized competences (knowledge and skills) through deeds, processes, and performances for the benefit to another entity or the entity itself“ zu sehen.[43] Diese Definition weist ein größeres Spektrum als die bisherigen auf, da es auf alle Branchen übertragbar ist und ebenso materielle Güter miteinbezieht. Damit wird die bisherige separierte Sichtweise von Gütern und Services zu einem integrierten Konzept zusammengefasst.[44] Wichtig ist dabei die Unterscheidung, besonders in der englischen Sprache, zwischen dem Begriff *Services,* also dem Output (Dienstleistungen), und dem *Service* als Prozess zur Nutzung einer Ressource zum Vorteil einer Entität.[45] Der Service drückt in diesem Zusammenhang eine Perspektive der Wertschaffung aus und nicht eine Kategorie eines Marktangebotes.[46] Nach dem Paradigma von *Vargo/Lusch* sind Produkte daher lediglich Distributionsmechanismen, die zur Bereitstellung eines Services benutzt werden. Diese dienen der Befriedigung eines Individuums auf höheren Ebenen und helfen somit bei der Erfüllung von sozialen Bedürfnissen, Ich-Bedürfnissen oder unterstützen die Selbstverwirklichung.[47]

---

[38] Für einen Überblick über weitere Ansätze zur Klassifikation von Dienstleistungen vgl. Lovelock (1983), S. 11; Zeithaml/Berry/Parasuraman (1996), S. 31 ff.; Homburg/Kuester/Krohmer (2009), S. 356 f.
[39] Vgl. AMA (2012).
[40] Vgl. Vargo/Lusch (2004), S. 2.
[41] Vgl. Vargo/Lusch (2004), S. 5.
[42] Vgl. Meffert/Bruhn (2009), S. 82.
[43] Vargo/Lusch (2004), S. 2.
[44] Vgl. Vargo/Lusch (2004), S. 2.
[45] Vgl. Vargo/Lusch (2008), S. 2.
[46] Vgl. Edvardsson/Gustafsson/Roos (2005), S. 118.
[47] Vgl. Vargo/Lusch (2004), S. 9; vgl. dazu auch die Bedürfnispyramide von Maslow (1943), S. 381 ff.

Das Fundament der SD-Logik von *Vargo/Lusch* beruht auf der Unterscheidung zwischen *operanden* und *operanten* Ressourcen. Die ersteren sind dabei statische materielle Güter, meist Produkte,[48] während die operanten Ressourcen immaterieller Natur sind und Kernkompetenzen oder Unternehmensprozesse darstellen. Die operanten Ressourcen werden in der SD-Logik als entscheidend angesehen, da sie Effekte auslösen und auf diese Weise Wert schaffen können.[49] Die SD-Logik unterscheidet sich von der güterorientierten Ausrichtung durch heute zehn (ursprünglich acht) Prämissen.[50] Im Rahmen dieser Studie werden lediglich die drei wichtigsten Voraussetzungen erwähnt, die in Bezug auf die Beschwerde von besonderer Bedeutung sind:[51]

- Das Wissen dient als die Quelle des kompetitiven Vorteils. Allgemein gesehen basieren Wettbewerbsvorteile im Konzept der SD-Logik auf Kernkompetenzen, wie dem Wissen, und nicht auf materiellen Ressourcenvorteilen.[52] Im Rahmen der Beschwerde bezieht sich diese Aussage auf die Kenntnis, welche Determinanten das Konsumentenverhalten beeinflussen können und wie das Unternehmen diese wertschöpfend nutzen kann.

- „The customer is always a co-creator".[53] Der Markt hat sich zu einem proaktiven Kundenmarkt gewandelt, in dem zusammen mit dem Konsumenten Wert geschaffen wird.[54] D.h. der Kunde stellt in der SD-Logik immer einen Teil des Wertschöpfungsprozesses dar.[55] Dabei ist das kundenseitige Feedback von zentraler Bedeutung und eminenter Bestandteil der oben beschriebenen Logik.[56] In Anlehnung daran entwickelt z.B. *Tronvoll* ein Beschwerdemodell, in dem diese interaktive Komponente zum Ausdruck kommt. Er sieht die Beschwerde nicht am Ende des Service-Prozesses, sondern weist ihr eine zentrale Rolle im gesamtunternehmerischen Kontext zu.[57]

48 Vgl. Vargo/Lusch (2004), S. 5.
49 Vgl. Vargo/Lusch (2004), S. 3; Für eine differenzierte Unterscheidung vgl. Constantin/Lusch (1994).
50 Vgl. Vargo/Lusch (2004), S. 7; Vargo/Lusch (2008), S. 7.
51 Für weitere Ausführungen zu den Prämissen vgl. Vargo/Lusch (2008), S. 7.
52 Vgl. Vargo/Lusch (2004), S. 9.
53 Vargo/Lusch (2008), S. 2.
54 Vgl. Prahalad/Ramaswamy (2000), S. 80.
55 Vgl. Vargo/Lusch (2004), S. 11.
56 Vgl. Van Doorn et al. (2010), S. 254.
57 Vgl. Tronvoll (2012), S. 285.

- Die servicedominante Perspektive ist immer kundenorientiert und relational; also eine Beziehung. Der Kunde stellt sowohl den Mittelpunkt als auch einen aktiven Teilnehmer im dynamischen und interaktiven Austauschprozess dar. Hierbei ist die Beziehung zum Kunden wichtiger als die Transaktion selbst.[58]

Nachdem in diesem Kapitel erläutert wurde, was ein Service ist und wie sich das Service-Verständnis aus marketingtheoretischer Sicht mit der SD-Logik ändert, ist es im nächsten Schritt notwendig, das Phänomen des Service-Fehlers genauer zu betrachten.

2.2 Die Charakteristika eines Service-Fehlers

Allgemein gibt es zwei Möglichkeiten, bei denen Fehler im Leistungserstellungsprozess auftreten können. Zum einen kann das materielle Gut an sich defekt sein (z.B. Schaden am Auto).[59] Zum anderen kann die Dienstleistung nicht erfüllt (z.B. Hotelzimmer nicht reserviert) oder auch der geleistete Dienst an sich fehlerhaft sein (z.B. Steak im Restaurant wurde zu lange gegrillt).[60] Das Hauptaugenmerk dieser Studie liegt auf dem Service-Fehler, sodass auf das Phänomen des Produkt-Fehlers nicht weiter eingegangen wird. Zur Definition des Service-Fehlers dient nun wieder die sich von Gütern differenzierende traditionelle Ansicht eines Services, also eine immaterielle Leistung, die von einem Anbieter erbracht wird.[61]

Nach *Hoffman/Bateson* ist ein Service-Fehler ein „breakdown in the delivery of service" oder ein „service that does not meet customers′ expectations".[62] Damit tritt ein Service-Fehler auf, wenn die impliziten und expliziten Bedürfnisse des Kunden nicht befriedigt werden.[63] Entsprechend der Heterogenität vieler verschiedener Dienstleistungen unterscheidet sich die tatsächliche Ausprägung des auftretenden Fehlers ebenso stark. So kann der Fehler in Bezug auf die Häufigkeit, das Fehlerausmaß oder die zeitliche Bereitstellung des Dienstes variieren.[64] Weitere Differenzierungsmöglichkeiten sind nach *Bitner/Booms/Tetreault* ein nicht vorhandener Service, unbegründet langsamer Service oder andere sonstige Service-Fehler.[65]

[58] Vgl. Vargo/Lusch (2004), S. 12.
[59] Vgl. Folkes (1984), S. 398.
[60] Vgl. Smith/Bolton/Wagner (1999), S. 358; Hess Jr./Ganesan/Klein (2003), S. 138.
[61] Vgl. Kotler et al. (2011), S. 692.
[62] Hoffman/Bateson (1997), S. 327.
[63] Vgl. Hoffmann/Bateson (1997), S. 329.
[64] Vgl. Kelley/Davis (1994), S. 52; Kotler et al. (2011), S. 696 f.
[65] Vgl. Bitner/Booms/Tetreault (1990), S. 77.

Darüber hinaus ist es möglich, dass ein Service-Fehler entsteht, wenn die vom Unternehmen bereitgestellte Dienstleistung für den Konsumenten nicht erkennbar ist, sodass die Person wiederum nicht in der Lage ist die Erfüllung des Services adäquat zu bewerten.[66]

Keaveney charakterisiert mögliche Fehler im Service-Prozess anhand von zwei Kategorien: Es kann zu einem *Core Failure* (leistungsbezogen) und/oder zu einem *Service Encounter Failure* kommen, der die persönliche Interaktion zwischen dem Kunden und dem Service-Anbieter berücksichtigt.[67] Diese Ansicht deckt sich teilweise mit der Auffassung von *Parasuraman/Zeithaml/Berry*, die festhalten, dass ein Rezipient die Qualität einer Dienstleistung nicht nur am Ergebnis *(Outcome)*, sondern auch anhand der Prozessperspektive, d.h. wie eine Leistung erbracht wird, evaluiert.[68]

Allgemein gilt, dass Konsumenten eine gewisse Toleranzzone besitzen, innerhalb derer sie die verschiedenen Grade an Erfüllung einer Dienstleistung akzeptieren. Dieser Bereich wird durch den gewünschten Service nach oben flankiert und durch den adäquaten Service nach unten begrenzt.[69] „Kunden wünschen sich, dass von Anfang an alles stimmt".[70] Das bedeutet, Konsumenten haben Erwartungen an einen Service,[71] sodass bei Nichterfüllung Unzufriedenheit resultiert und dies letztendlich zu einer Beschwerde führen kann.[72]

2.3 Emotionen im Rahmen von Service-Fehler und Beschwerde

Die Auffassung im Marketing vom Konsumenten als reinem Homo Oeconomicus hat sich gelockert. Viele verhaltenswissenschaftliche Phänomene lassen sich nicht mehr mit Rationalität und utilitaristischem Denken erklären, sodass vermehrt der Einfluss der Emotionen auf das Konsumentenverhalten untersucht wird.[73] Damit spielen beim Auftreten eines Service-Fehlers und der sich womöglich anschließenden Beschwerde negative Emotionen eine wichtige Rolle.[74] Definitorisch ist eine Emotion laut Duden eine „Gemütsbewegung" oder eine „seeli-

66 Vgl. Zeithaml/Bitner/Gremler (2008), S. 419.
67 Vgl. Keaveney (1995), S. 76; Des Weiteren schließt Keaveney noch eine dritte No response-Dimension mit ein, die allerdings erst im Recovery-Prozess eine Rolle spielt und für diese Studie nicht von Relevanz ist.
68 Vgl. Parasuraman/Zeithaml/Berry (1985), S. 42.
69 Vgl. Zeithaml/Berry/Parasuraman (1993), S. 6.
70 Kotler et al. (2011), S. 711.
71 Vgl. Westbrook/Oliver (1991), S. 85.
72 Vgl. Oliver (1980), S. 461; Bearden/Teel (1983), S. 22; Reynolds/Harris (2005), S. 322.
73 Vgl. Gelbrich (2005), S. 17; Laros/Steenkamp (2005), S. 1437.
74 Vgl. Smith/Bolton (2002), S. 5 f.; Zeithaml/Bitner/Gremler (2008), S. 373.

sche *Erregung*".[75] Emotionen und ihr Einfluss auf den Menschen sind nicht trivial, was man daran sehen kann, dass im 20. Jahrhundert über 90 verschiedene Definitionen für dieses Konstrukt entstanden sind.[76] In der Psychologie sind sie von hoher Relevanz, da mit ihnen soziale Funktionen abgeleitet sowie Verhaltensweisen und Handlungen erklärt werden können.[77] Allgemein lassen sie sich anhand des Grades der Erregung (niedrig/hoch) sowie ihrer Valenz (Wertigkeit) kategorisieren. Diese kann entweder positiv (z.B. Freude) oder negativ sein (bspw. Wut).[78] Darüber hinaus stehen Emotionen eng mit persönlichen Charaktereigenschaften in Verbindung.[79]

Grundsätzlich können zwei theoretische Ansätze zur Erklärung von Emotionen unterschieden werden: Der biologisch-orientierte Ansatz beruht auf der Aussage, dass jede Emotion nur von einem körperlichen Reiz verursacht wird und die Kognition dabei keine Rolle spielt.[80] Der zweite Strang der Emotionsforschung befasst sich mit den kognitiven Emotionstheorien. Dabei kann zwischen den attributions-theoretischen und den *Appraisal*-Theorien differenziert werden.[81] Zur Beschreibung der Konstitution von Emotionen dient im Rahmen dieser Studie ausschließlich die *Cognitive Appraisal Theory*, die auf *Lazarus* zurückgeht.[82] Nach der Auffassung der Vertreter dieser *Einschätzungs-Theorien* entstehen Emotionen durch bewusste und unbewusste meist kognitive Evaluationen und Interpretationen von Ereignissen auf Basis der eigenen Ziele, Wünsche und Überzeugungen.[83] In einigen aktuelleren Studien werden aus dem Service-Fehler resultierende Emotionen differenziert dargestellt, um so Erkenntnisse über Konsumentenreaktionen genauer bestimmen zu können.[84] So belegen *Bougie/Pieters/ Zeelenberg* bspw. in ihrer Studie, dass Wut und Unzufriedenheit klar trennbare Emotionen sind, wobei die letztere als zeitlich vorgelagerter Einflussfaktor auf die Wut gilt.[85] Der kausale Zusammenhang zwischen Unzufriedenheit und negativen Emotionen kann dabei, je nach modellierter Perspektive, unterschiedlich sein. So können negative Emotionen Auswirkungen

[75] Drosdowski et al. (1996), S. 249.
[76] Vgl. Plutchik (2001), S. 344.
[77] Vgl. Plutchik (1982), S. 530 ff.; Lazarus (1991b), S. 3.
[78] Vgl. Scherer (2005), S. 720.
[79] Vgl. Plutchik (1985), S. 199.
[80] Vgl. Gelbrich (2005), S. 20.
[81] Vgl. Gelbrich (2005), S. 24; Der Begriff Appraisal stellt dabei die subjektive Einschätzung einer Person dar.
[82] Vgl. Lazarus (1991b), S. 10.
[83] Vgl. Von Scheve (2012), S. 116.
[84] Vgl. Chebat/Slusarczyk (2005), S. 668 f.; Wetzer/Zeelenberg/Pieters (2007), S. 667; Gelbrich (2010), S. 568.
[85] Vgl. Bougie/Pieters/Zeelenberg (2003), S. 390.

auf die Unzufriedenheit haben, allerdings ist es auch möglich, dass eine umgekehrte Wirkungsrichtung vorliegt.[86]

Die Komplexität der Reaktion auf einen Service-Fehler ist also durch die entstehende Unzufriedenheit und die auftretenden Emotionen sehr hoch, sodass es wichtig ist die genauen Determinanten für das Beschwerdeverhalten zu kennen und zu verstehen.[87] Es kann letztlich konstatiert werden, dass die Unzufriedenheit einen wesentlichen Treiber im Beschwerdeverhalten darstellt,[88] allerdings können die verschiedenen Antwortverhalten von Konsumenten auf einen Service-Fehler nicht alleine auf sie zurückgeführt werden.[89] So ist die Wut bspw. oft ein Resultat eines auftretenden Service-Fehlers und ein sehr wichtiges Element, insbesondere wenn die Schuld externen Entitäten attribuiert wird.[90] Weiterhin kann festgehalten werden, dass negative Emotionen das Beschwerdeverhalten stark beeinflussen. Dabei kann dies in Zusammenhang mit der Unzufriedenheit geschehen oder auch direkt über die Regulierung (anderer) negativer Emotionen erfolgen.[91] Diese Studie stützt sich in ihrer Konzeption des Beschwerdeverhaltens auf die Bewältigung negativer Emotionen, wie durch die Herleitung der Hypothesen in *Kapitel 3* deutlich werden wird. Um verstehen zu können, was genau eine Beschwerde ausmacht und welche verschiedenen Formen es gibt, muss im nächsten Schritt die Definition einer möglichen Antwort auf einen Service-Fehler, respektive die Definition der Beschwerde, erfolgen.

2.4 Definitorische und inhaltliche Abgrenzung der Beschwerde

Im traditionellen Sinne des Marketing ist eine Beschwerde nach *Fornell* „an articulation of a grievance: a dissatisfaction with a product, the service accompanying it, or with any element involved in the consumer´s shopping or purchase experience".[92] Die Abgrenzung des Begriffes der Beschwerde ist weder in der Forschung noch in der Unternehmenspraxis konsistent und variiert dementsprechend.[93] *Hoffmann/Bateson* nutzen zwei Dimensionen zur Differenzierung von Beschwerden. Sie unterscheiden zwischen der instrumentalen und nicht-

[86] Vgl. Westbrook (1987), S. 267.
[87] Vgl. Tronvoll (2007), S. 126.
[88] Vgl. Reynolds/Harris (2005), S. 322.
[89] Vgl. z.B. Stephens/Gwinner (1998), S. 174; Thøgersen/Juhl/Poulsen (2009), S. 761.
[90] Vgl. Weiner (2000), S. 385; Lerner/Tiedens (2006), S. 123; Kalamas/Laroche/Makdessian (2008), S.814.
[91] Vgl. Zeelenberg/Pieters (2004), S. 445.
[92] Fornell (1978), S. 294.
[93] Vgl. Fürst (2005), S. 8.

instrumentalen Beschwerde. Erstere dient dazu einen inadäquaten Zustand aus Konsumentensicht zu korrigieren. Die nicht-instrumentale Beschwerde dagegen stellt keine Erwartung daran, dass sich die Situation zu Gunsten des Konsumenten ändert.[94] *Brock* dagegen differenziert zwischen der Beschwerde im eigentlichen Sinne, die auch als direkte Beschwerde ggü. dem Anbieter bezeichnet wird, und der Beschwerde im weiteren Sinne. Die letztgenannte beinhaltet sämtliche Verhaltens- bzw. Antwortreaktionen eines Konsumenten auf die vorherrschende Unzufriedenheit und integriert somit auch das NWOM oder Beschwerden an Drittparteien.[95] Die vorliegende Studie lehnt sich an die Beschwerde im weiteren Sinne an und untersucht sowohl die Beschwerde ggü. dem Unternehmen als auch das entstehende NWOM ggü. Freunden und Bekannten. Die Beschwerde an Drittparteien, wie z.B. Verbraucherzentralen, wird dabei nicht weiter berücksichtigt.

Das Beschwerdeverhalten wird nach *Singh* als ein Ergebnis vieler verschiedener verhaltens- und nicht-verhaltensgestützter Komponenten definiert, von denen einige oder alle durch die wahrgenommene Unzufriedenheit maßgeblich beeinflusst werden.[96] Artikulationen über Unzufriedenheit können dabei sowohl verbal als auch schriftlich über verschiedene Medien geäußert werden.[97] Die vom Unternehmen üblicherweise bereitgestellten Beschwerdekanäle sind hierbei das persönliche Gespräch am Point of Sale, das Telefon, das Internet (E-Mail, Homepage, Foren) und die Möglichkeit einen Brief oder ein Fax zu senden *(s. Kapitel 3.1.1)*.[98] Durch die enorme Ausbreitung des Internets steigt in den letzten Jahren die Anzahl an Homepages, auf denen man Bewertungen, Kommentare und Reviews zu Unternehmensleistungen abgeben kann.[99] Auch diese Artikulationen sollten in ihrer Beschwerde- bzw. Feedback-Funktion wahrgenommen werden. Eine Beschwerde allgemein muss dabei nicht immer direkt mit dem Produkt oder dem Service eines Anbieters in Verbindung stehen, sondern appelliert zum Teil auch an das gesellschaftspolitische Verhalten des Unternehmens.[100] Des Weiteren können Beschwerden ebenfalls hervorgebracht werden, wenn Kunden einen Service beanstanden, obwohl dieser erfüllt wurde und auf Konsumentenseite keine

94 Vgl. Hoffmann/Bateson (1997), S. 332.
95 Vgl. Brock (2009), S. 18.
96 Vgl. Singh (1988), S. 94.
97 Vgl. Stauss/Seidel (2002), S. 47.
98 Vgl. Stauss/Seidel (2002), S. 98 ff.; Mattila/Wirtz (2004), S 148.
99 Vgl. Zhang/Craciun/Shin (2010), S. 1336.
100 Vgl. Stauss/Seidel (2002), S. 48.

Unzufriedenheit vorherrscht.[101] Ein beispielhaftes Motiv unangemessener Beschwerden kann der erhoffte finanzielle Vorteil einer solchen Äußerung sein.[102] Diese Form der ungerechtfertigten Beschwerde wird innerhalb dieser Untersuchung jedoch nicht betrachtet und soll vor allem der Vollständigkeit halber erwähnt werden.

In Zusammenhang mit der Beschwerde wird häufig auch der Begriff der Reklamation verwendet. Nach *Riemer* ist hiermit v.a. die Berufung auf Rechte (z.B. Forderungen) und Pflichten, die sich aus dem Kaufvertrag ergeben, gemeint. Sie stellt damit ein juristisch getriebenes Beschwerdeverhalten dar.[103] Diese Feststellung soll hier klar abgegrenzt werden, da die Bedeutung der Emotion in Verbindung mit der Beschwerde für das Marketing einen wesentlich höheren Stellenwert besitzt.[104]

Kunden geben mit ihrem positiven oder negativen Feedback zu einer Service-Erfahrung Hinweise darauf, ob sich das Unternehmen mit seiner Strategie und den angebotenen Leistungen auf dem richtigen Weg befindet.[105] Daher sollte der Begriff der Beschwerdedefinition nicht zu engmaschig gewählt werden, da sonst bestimmte Kundenäußerungen aus der Klassifikation herausfallen und eventuell wichtige Informationen für den Anbieter verloren gehen.[106] Während Beschwerden früher als negative Indikatoren für Produkt- oder Service-Qualität angesehen und möglichst vermieden wurden, hat sich diese Ansicht geändert. Die Beschwerde wird heute als eine Chance gesehen Kundenzufriedenheit wiederherzustellen und die Kundenbindung zu erhöhen.[107]

Bezieht man sich auf die SD-Logik, stellt eine Beschwerde nicht nur eine finale Antwort auf eine negative Service-Erfahrung im Nachkaufprozess dar.[108] Das Konstrukt der Beschwerde ist komplexer geworden, da der Kunde als *Co-Creator* aktiv in den Wertschöpfungsprozess eingebunden wird. So können die Konsumentenerfahrungen besser verstanden und direkt im

[101] Vgl. Pepels (2008), S. 109; Für detaillierte Ausführungen zu ungerechtfertigten Beschwerden vgl. z.B. Reynolds/Harris (2005), S. 323 ff.
[102] Vgl. Reynolds/Harris (2005), S. 327 ff.
[103] Vgl. Riemer (1986), S. 76.
[104] Vgl. Stauss/Seidel (2002), S. 48; Pepels (2008), S. 107.
[105] Vgl. Blazevic/Lievens (2008), S. 142.
[106] Vgl. Homburg/Schäfer/Schneider (2003), S. 284 f.
[107] Vgl. Stauss/Seidel (2002), S. 29; Homburg/Schäfer/Schneider (2003), S. 283; Pepels (2008), S. 107.
[108] Vgl. Tronvoll (2012), S. 285.

Leistungserstellungsprozess berücksichtigt werden.[109] In diesem Kontext ist die Beschwerde im weiteren Sinne Teil des Customer-Engagement-Prozesses, der konsistent zur SD-Logik ist und die Integration des Konsumenten als ein wichtiges Basiselement berücksichtigt *(s. Kapitel 2.1)*.[110] Bspw. können Konsumenten gemeinsam mit dem Unternehmen Lösungen erarbeiten, um Produkte und Services zu verbessern, indem der Kunde sein eigenes Fachwissen als Mittel zur Lösung einsetzt.[111] Somit vergrößert sich die Bedeutung der Service-Recovery-Komponente in Zusammenhang mit der SD-Logik.[112] Die Ursache einer Beschwerde ist aus dieser Sicht damit nicht mehr nur ein auftretender produkt- oder servicebezogener Fehler, sondern ein Mangel an Konvergenz mit dem vom Kunden erwarteten Erlebnis. Dieser Mangel beruht auf Problemen bei der Anwendung von operanten Ressourcen, d.h. Wissen und Kompetenzen.[113]

Um nun sehen zu können, wo diese Untersuchung zum Beschwerdeverhalten ansetzt, erfolgt im nächsten Kapitel ein kurzer Überblick zu bisherigen Beschwerdemodellen. Dabei liegt der Fokus auf den Modellen, die auch im weiteren Verlauf dieser Untersuchung hohe Relevanz besitzen.

2.5 Status quo der Beschwerdeforschung

Das erste sehr allgemein gehaltene Modell zum Beschwerdeverhalten geht auf *Hirschmann* zurück. Er klassifiziert drei Antwortmöglichkeiten auf eine verschlechterte Leistung aus Konsumentensicht. Nach seiner Auffassung besteht bei Unzufriedenheit die Möglichkeit der Abwanderung oder das Einlegen eines Widerspruchs beim Unternehmen (Beschwerde).[114] Darüber hinaus kann ein Kunde ggü. einem Anbieter loyal sein und trotz auftretender Fehler diesem treu bleiben.[115]

Wenige Jahre später entwickeln *Day/Landon* auf Basis dieses Modells einen weiteren Ansatz. Erfahren Konsumenten Unzufriedenheit, können sie in erster Instanz als Konsequenz eine

[109] Vgl. Lusch/Vargo/O´Brien (2007), S. 11.
[110] Vgl. Van Doorn (2010), S. 254 ff.
[111] Vgl. Blazevic/Lievens (2008), S. 145; Dong/Evans/Zou (2008), S. 123 f.
[112] Vgl. Dong/Evans/Zou (2008), S. 124; Service-Recovery stellt dabei die Wiedergutmachung des Fehlers durch das Unternehmen dar; vgl. dazu z.B. Miller/Craighead/Karwan (2000), S. 388.
[113] Vgl. Tronvoll (2012), S. 289.
[114] Vgl. Hirschmann (1974), S. 3 f.
[115] Vgl. Hirschmann (1974), S. 65 ff.

Handlung vornehmen oder nicht (*Action* oder *no Action*).[116] In einem zweiten Schritt unterscheiden die Autoren, im Falle einer Konsumentenreaktion, zwischen einer öffentlichen und einer privaten Handlung. Letztere kann sich in Form von *Redress Seeking* (Suche nach Entschädigung) oder im persönlichen Boykott äußern. Die öffentliche Antwort wiederum differenziert dabei die Einleitung rechtlicher Schritte, die Formulierung einer Beschwerde oder das Verbreiten von NWOM.[117]

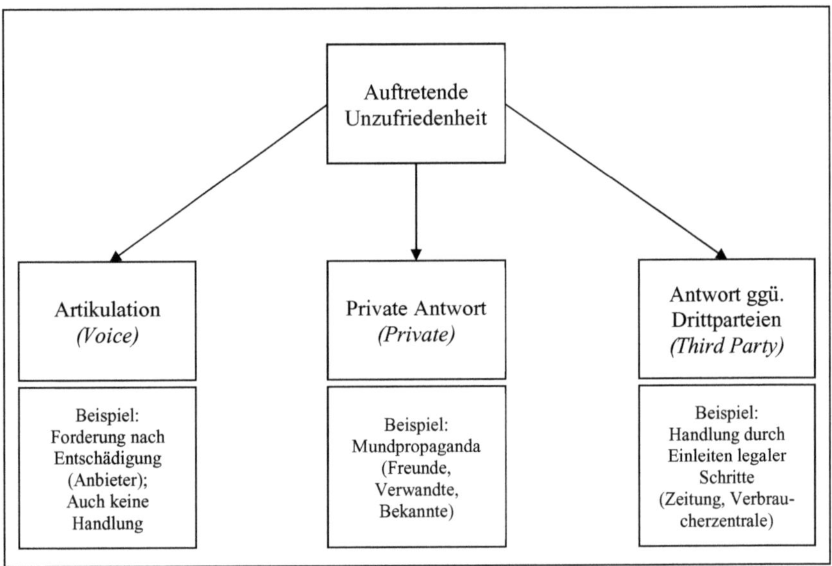

Abbildung 2: Modell möglicher Antworten auf Unzufriedenheit nach Singh[118]

Als weiterer Meilenstein in der Entwicklung der Modelle zum Beschwerdeverhalten werden zwei Studien von *Singh* gesehen. Seine erste Untersuchung vergleicht dabei das Beschwerdeverhalten von Individuen in der Lebensmittel- sowie der Automobilindustrie, dem Bankensektor und der Medizinsparte.[119] Er baut in seiner Untersuchung zunächst das Modell von *Day* und *Landon* aus und erstellt anhand einer konfirmatorischen Faktoranalyse eine Typologie

[116] Vgl. Day/Landon (1977), S. 429.
[117] Vgl. Day/Landon (1977), S. 432.
[118] Eigene Darstellung in Anlehnung an Singh (1988), S. 101.
[119] Vgl. Singh (1988), S. 103.

mit drei möglichen Antworten auf Unzufriedenheit.[120] Die *Voice* Antwort bezieht sich dabei auf Objekte außerhalb des sozialen Gefüges einer Person und richtet sich an Individuen, die direkt mit dem unbefriedigenden Vorfall in Zusammenhang stehen. Die *Third Party Response* dagegen integriert externe Entitäten, die der Konsument nicht mit dem Ereignis, das die Unzufriedenheit auslöst, in Verbindung bringt. Als *Private Response* wiederum bezeichnet er dabei die Ansprache nicht externer und auch nicht direkt mit der Angelegenheit verbundener Personen.[121] *Abbildung 2* stellt die Taxonomie übersichtlich anhand von Beispielen dar.

Klassifikation	Charakteristika
Passiver Beschwerdetyp *(Passive)*	Unzufriedener Kunde mit unterdurchschnittlicher Beschwerdeabsicht; nimmt keine Handlung vor.
Sich artikulierender Beschwerdetyp *(Voice)*	Unzufriedener Kunde mit unterdurchschnittlicher Absicht zu NWOM, Anbieterwechsel oder Zuwendung zur Drittpartei; hohe Artikulationswahrscheinlichkeit ggü. dem Anbieter.
Wütender Beschwerdetyp *(Irate)*	Wütender Kunde mit überdurchschnittlicher Absicht zur privaten Antwort (NWOM, Beendigung der Geschäftsbeziehung); leicht überdurchschnittliche Artikulationswahrscheinlichkeit ggü. dem Anbieter; geringe Wahrscheinlichkeit sich an Drittparteien zu wenden.
Aktivistischer Beschwerdetyp *(Activist)*	Unzufriedener Kunde mit überdurchschnittlicher Beschwerdeabsicht in allen drei Dimensionen, besonders bei Drittparteien.

Tabelle 1: Klassifikation verschiedener Beschwerdetypen nach Singh[122]

120 Vgl. Singh (1988), S. 101.
121 Vgl. Singh (1988), S. 104.
122 Vgl. Eigene Darstellung in Anlehnung an Singh (1990b), S. 88.

Basierend auf den bisherigen Forschungsergebnissen definiert *Singh* mit Hilfe einer Clusteranalyse in einer Folgestudie vier Beschwerdegruppen. Damit entwickelt er den *passiven*, den *sich artikulierenden*, den *wütenden* und den *aktivistischen* Beschwerdetyp. Diese unterscheiden sich explizit in ihrem Antwortverhalten *(s. Tabelle 1)*.[123] Diese Typologie wird trotz unterschiedlich häufiger Verteilung über die jeweilige Service-Sparte oder den Industriezweig noch heute als weitgehend konsistent angesehen.[124]

Die Erkenntnisse, die sich aus empirischen Untersuchungen mit diesen Modellen und in der Beschwerdeforschung allgemein ableiten lassen, machen bereits früh klar, dass sich ein Großteil der Konsumenten bei Unzufriedenheit nicht beschwert, sondern stattdessen keine Reaktion zeigt oder den Anbieter wechselt.[125] Daher entwickelt sich schon früh das Bewusstsein, dass hervorgebrachte Beschwerden nützliche Informationen für das Management darstellen und erfolgreiche Marketingstrategien daran ausgerichtet werden können.[126]

Während die o.g. Modelle fast ausschließlich die Unzufriedenheit als Hauptfaktor der Beschwerdeintention sehen, entwickeln Forscher ständig neue Ansätze, die mit zusätzlichen Komponenten versehen werden. So integrieren *Stephens/Gwinner* in ihr Modell zum Beschwerdeverhalten einige Jahre später verschiedene persönliche und situative Faktoren, die neben der Unzufriedenheit Auswirkungen auf das Beschwerdeverhalten haben. Als Basis nutzen sie die *Cognitive Appraisal Theory* von *Lazarus (s. auch Kapitel 2.7)*.[127] Dabei berücksichtigen sie verschiedene Emotionen, die aus dem Einschätzungsprozess eines Individuums resultieren, und setzen diese mit unterschiedlichen Arten von Bewältigungsstrategien in Verbindung.[128] Die drei möglichen Methoden zur Bewältigung zielen dabei auf Problemorientierung, Emotionsorientierung und auf Vermeidung (einer Konfrontation) ab.[129] Mit ihrer Studie gelingt es ihnen, Faktoren zu identifizieren, die unzufriedene Kunden dazu veranlassen, sich nicht zu beschweren und stattdessen die Geschäftsbeziehung direkt zu beenden.[130]

---

123 Vgl. Singh (1990b), S. 80.
124 Vgl. Zeithaml/Bitner/Gremler (2008), S. 375.
125 Vgl. bspw. Richins (1983), S. 76; Andreasen (1985), S. 139 f.
126 Vgl. Fornell/Westbrook (1979), S. 105.
127 Vgl. Stephens/Gwinner (1998), S. 173 f.
128 Vgl. Stephens/Gwinner (1998), S. 174.
129 Vgl. Stephens/Gwinner (1998), S. 181 ff.
130 Vgl. Stephens/Gwinner (1998), S. 194.

Mattila/Wirtz erweitern einige Jahre später das ursprüngliche Konzept von *Day/Landon*. Sie integrieren die Kanalwahl im *Redress Seeking*-Fall und unterscheiden dabei zwischen interaktiven (persönliche Ansprache, telefonisch) und nicht-interaktiven Kanälen (E-Mail, Brief).[131] Ihnen ist es möglich nachzuweisen, dass Konsumenten eher interaktive Kanäle für die Forderung nach einer Entschädigung nutzen und nicht-interaktive Kanäle zum Ablassen des Ärgers.[132] Diese Studie stellt eines der ersten Modelle dar, das die Wahl des Beschwerdemediums in Abhängigkeit der antizipierten Verhaltensweise explizit berücksichtigt.

Neuere Untersuchungen mit Bezug zum Beschwerdeverhalten differenzieren meist zwischen einer Racheintention sowie einem problemlösungsorientierten Verhalten bzw. dem Einfordern einer Kompensation. *Grégoire/Fisher* bspw. betrachten in zwei Studien besonders intensiv das Racheverhalten. So entwickeln sie ein Modell, bei dem sich dieses Konstrukt in Anlehnung an *Singh* aus NWOM, Beschwerden ggü. Drittparteien und dem Verringern des Geschäftskontaktes zusammensetzt. Sie untersuchen dabei, wie sehr sich die Beziehungsqualität zum Unternehmen, sowie die Kontrolle des auftretenden Fehlers auf Unternehmensseite, auf das Rachebedürfnis und die o.g. drei Komponenten auswirken.[133] Alle drei Teilkonstrukte werden positiv von dem Wunsch nach Rache beeinflusst.[134] Innerhalb der zweiten Untersuchung quantifizieren sie auf Basis des wahrgenommenen Verrats die Forderung nach Kompensation sowie die Intention für ein Racheverhalten.[135] Sie können dabei festhalten, dass der wahrgenommene Verrat das Verlangen nach Entschädigung sowie das Bedürfnis nach Rache klar fördert.[136]

Eine der aktuellsten Studien zum servicespezifischen Beschwerdeverhalten stammt von *Gelbrich*. In ihrem Modell besteht die Möglichkeit, dass sich Probanden zur Beschwerde an das Unternehmen wenden oder diese den indirekten Weg der Beschwerde (NWOM) wählen. Sie differenziert darüber hinaus zwischen verschiedenen Konsumentenreaktionen auf Basis der Bewältigungsstrategien eines auftretenden Service-Fehlers und stützt sich dabei auf das

---

131 Vgl. Mattila/Wirtz (2004), S. 148.
132 Vgl. Mattila/Wirtz (2004), S. 152.
133 Vgl. Grégoire/Fisher (2006), S. 35.
134 Vgl. Grégoire/Fisher (2006), S. 39.
135 Vgl. Grégoire/Fisher (2008), S. 249.
136 Vgl. Grégoire/Fisher (2008), S. 255.

Confrontative Coping sowie das *Support Seeking Coping*.[137] Diese beiden Konstrukte höherer Ordnung werden von bestimmten Emotionen getrieben und bestehen ihrerseits wieder aus rachsüchtigen bzw. hilfesuchenden und problemlösungsorientierten Komponenten.[138] Dabei sind besonders die Hilflosigkeit sowie Wut und Frustration die ausschlaggebenden Einflussfaktoren, die die jeweilige Bewältigungsstrategie determinieren. Mit den Ergebnissen der Studie wird deutlich, dass die Wut das *Confrontative Coping* fördert, während die Frustration das *Support Seeking Coping* begünstigt.[139]

Betrachtet man sich nun zusammenfassend die Historie der Beschwerdemodelle, so können allgemein fünf mögliche Antworten auf einen auftretenden Fehler bzw. auf die entstehende Unzufriedenheit identifiziert werden: Ein Individuum kann sich gar nicht äußern, die Geschäftsbeziehung beenden, eine Drittpartei (z.B. Verbraucherzentrale) informieren, NWOM verbreiten oder eine direkte Beschwerde an das Unternehmen abgeben.[140] Die Absicht dieser Studie ist es die zwei letztgenannten Konstrukte differenziert in Zusammenhang mit anderen Faktoren zu analysieren. Daher finden andere Antwortmöglichkeiten auf einen Service-Fehler im Folgenden keine weitere Beachtung. Das NWOM, als Teil der Beschwerde im weiteren Sinne, nimmt innerhalb dieser Untersuchung eine zentrale Rolle ein. Deshalb erfolgt im nächsten Abschnitt eine genauere Erläuterung dieses Phänomens.

2.6 Das Word of Mouth als Teil des Beschwerdeverhaltens

Das WOM, auch Mundpropaganda genannt,[141] ist ein ständig vorhandenes und wichtiges Konstrukt im Marketingkontext.[142] Diese interpersonelle Art der Kommunikation über Erfahrungen mit Produkten und Services zwischen Kunden gilt oft als wichtiger Treiber für das Konsumentenverhalten.[143] Insbesondere durch die starke Verbreitung des Internets fällt es Konsumenten zunehmend leichter Erfahrungen oder Meinungen untereinander auszutauschen. Dabei verwischen die Grenzen zwischen privater und öffentlicher Verbreitung von Informationen durch Blogs und soziale Netzwerke, da User-Inhalte von einer Vielzahl anderer Nutzer

137 Das Coping stellt die Bewältigung negativer Emotionen, die durch den Service-Fehler induziert sind, dar.
138 Vgl. Gelbrich (2010), S. 568.
139 Vgl. Gelbrich (2010), S. 579 ff.
140 Vgl. Zaugg (2006), S. 3; Zeithaml/Bitner/Gremler (2008), S. 374.
141 Vgl. Schmidt (2009), S. 1.
142 Vgl. Goldenberg/Libai/Muller (2001), S. 211.
143 Vgl. Godes/Mayzlin (2004), S. 545.

problemlos gelesen werden können.[144] Das internetbezogene WOM wird dabei häufig als *Electronic Word of Mouth* (eWOM) oder *Word of Mouse* bezeichnet.[145]

Besonders in Verbindung mit Dienstleistungen nutzen Konsumenten das WOM häufig als zentrale Informationsquelle.[146] Gründe dafür sind die in *Kapitel 2.1* genannten Eigenschaften eines Services, mit denen Risiken und Unsicherheiten im Kaufprozess einhergehen. Daher versuchen Konsumenten diese Unsicherheit durch die Aufnahme von Informationen in der zwischenmenschlichen Kommunikation zu reduzieren.[147] Darüber hinaus gibt das WOM Menschen die Möglichkeit, Emotionen mit anderen zu teilen.[148] Die Valenz der Mundpropaganda kann dabei positiv, neutral oder negativ sein. *Positive Word of Mouth* (PWOM) impliziert dabei die Weitergabe von Informationen zu besonders vorteilhaften Erlebnissen oder Empfehlungen. NWOM basiert dagegen auf unangenehmen Erfahrungen und kann als eine private Beschwerde, ein Gerücht oder eine Verunglimpfung des Unternehmens z.B. ggü. Freunden verstanden werden.[149]

Im beschwerdebezogenen Kontext gilt es v.a. dem NWOM Beachtung zu schenken, da es schwerwiegende Folgen für ein Unternehmen haben kann. So zeigt bspw. eine Langzeitstudie von *Chen/Wang/Xie*, dass der Einfluss auf Produktverkäufe von NWOM deutlich größer ist als der von PWOM.[150] Das NWOM hat dabei einen zweifach negativen Effekt für das Unternehmen: Zum einen kann es die Attraktivität eines Unternehmens bei anderen (potenziellen) Kunden verschlechtern. Auf der anderen Seite erhält das Unternehmen selbst keine Informationen darüber, warum ein Service oder ein Produkt nicht den Erwartungen der Konsumenten entsprochen hat. Folglich fehlt es an Wissen, wie man diesen Fehler beheben könnte.[151] Im Rahmen dieser Studie wird nur das NWOM als Konsequenz aus einem Service-Fehler betrachtet. Erst in einem nächsten Schritt, nämlich nach dem Recovery-Prozess, macht es

144 Vgl. Hennig-Thurau et al. (2010), S. 312.
145 Vgl. Goldenberg/Libai/Muller (2001), S. 212; Hennig-Thurau et al. (2004), S. 39.
146 Vgl. East/Hammond/Wright (2007), S. 175.
147 Vgl. Murray (1991), S. 11.
148 Vgl. Wetzer/Zeelenberg/Pieters (2007), S. 662.
149 Vgl. Anderson (1998), S. 6.
150 Vgl. Chen/Wang/Xie (2011), S. 239.
151 Vgl. McAlister/Thorne/Erffmeyer (2003), S. 342.

wieder Sinn, sich dem PWOM zu widmen, da ein adäquates Beschwerdehandling einen fördernden Effekt auf dieses haben kann.[152]

2.7 Die Cognitive Appraisal Theory als emotionstheoretische Grundlage

Aus *Kapitel 2.3* wurde bereits offensichtlich, dass Emotionen komplexe Konstrukte sind, deren Entstehung in der Psychologie kontrovers diskutiert wird. Eine Erklärung zur Emotionsbildung und daraus folgenden Handlungen stellt die *Cognitive Appraisal Theory* von *Lazarus* dar. Individuen unterscheiden sich in der Interpretation und Reaktion auf auftretende Ereignisse, da sie einen unterschiedlichen Grad an Sensibilität und Angreifbarkeit aufweisen.[153] Somit kann eine Person unter vergleichbaren Bedingungen mit Wut reagieren, während sich ein anderes Individuum unter den gleichen Umständen bedroht fühlt. Dementsprechend sind auch die Bewältigungsstrategien in einer solchen Situation unterschiedlich.[154] *Lazarus* und *Folkman* beschreiben dabei die Bewältigung als „constantly changing and behavioral efforts to manage specific external and/or internal demands that are appraised as taxing or exceeding the resources of the person“.[155] Die beiden Autoren betonen weiterhin, dass man zum Verständnis der Verhaltensweisen von Individuen den kognitiven Prozess zwischen einem Ereignis sowie der sich ergebenden Reaktion hinzuziehen muss.[156] Dabei treffen sie die Aussage, dass die Kognition zur Wahrnehmung von Emotionen unerlässlich ist, da ein Individuum verstehen muss, inwieweit sein Wohl durch eine Transaktion beeinflusst wird.[157] Für Vertreter der *Appraisal Theory* besteht dabei die wichtigste Determinante jeder entstehenden Emotion aus einer Bewertung und Interpretation eines erlebten Zustandes mit einem gewünschten.[158]

Lazarus stellt den Prozess des *Appraisal* zur Emotionsbildung in zwei Teilen dar: In einer ersten Einschätzung analysiert das Individuum, ob und inwieweit ein auftretendes Ereignis das eigene Wohlbefinden tangiert. Dabei spielen die Komponenten der Zielrelevanz, der Zielkongruenz sowie das Selbst-Involvement eine Rolle.[159] Es gilt, je höher die Relevanz ist,

[152] Vgl. Maxham III (2001), S. 13.
[153] Vgl. Lazarus/Folkman (1984), S. 22.
[154] Vgl. Lazarus/Folkman (1984), S. 22 f.
[155] Lazarus/Folkman (1984), S. 141.
[156] Vgl. Lazarus/Folkman (1984), S. 23.
[157] Vgl. Lazarus (1984), S. 124; Lazarus (1991a), S. 353.
[158] Vgl. Bagozzi/Gopinath/Nyer (1999), S. 185.
[159] Vgl. Lazarus (1991b), S. 133.

umso stärker wird die entstehende Emotion sein. Ferner bleibt festzuhalten, dass je niedriger die scheinbare Zielkongruenz ist, desto mehr negative Emotionen entstehen.[160] Bei der sekundären Einschätzung evaluiert die Person anhand von möglichen Bewältigungsstrategien, welche Handlungsoptionen die eigene Situation verbessern oder auch verschlechtern können. Um auch hier wieder die individuelle Emotionsbildung differenzieren zu können, nutzt *Lazarus* die Komponenten der Schuld, das persönliche Bewältigungspotenzial sowie die zukünftigen Erwartungen.[161] Wichtig dabei ist für ihn anzumerken, dass eine klare Trennung zwischen der Einschätzung und anschließender Bewältigung nicht möglich ist, da beide Konstrukte einen Einfluss auf die Emotion haben. Somit sind diese interdependent.[162] Daher erfolgt im Modell nach der Stufe der Bewältigung auch eine Neueinschätzung der Situation, ein sog. *Reappraisal.* Dies kann sich wiederum auf die entstehenden Emotionen auswirken.[163] Nach den beschriebenen Erläuterungen ist also die individuelle Einschätzung eines Stimulus, unter Berücksichtigung persönlicher Bedürfnisse und Potenziale, das Kernelement zur Bestimmung der emotionalen Antwort.[164] Innerhalb des o.g. Bewältigungsprozesses gibt es für Individuen zwei Strategien, das auftretende Problem bzw. den resultierenden Stress zu verarbeiten. Zum einen kann die Bewältigung auf eine *emotionale* Art und Weise durch eine Veränderung der Ansicht zum Problem erfolgen. Ein Individuum kann somit die Situation reinterpretieren oder sie verleugnen. Der Zustand bleibt dabei objektiv gleich, jedoch empfindet die Person eine positivere Emotion.[165] Die zweite Möglichkeit besteht darin, sich dem auftretenden Ereignis *problemlösungsorientiert* entgegenzustellen. Dies wird als aktionsorientierte Bewältigungsstrategie angesehen.[166] Die Handlung des Individuums verändert dabei die gestörte Beziehung zwischen Person und Umwelt, indem Lösungsvorschläge für ein Problem entwickelt werden und anschließend dessen Ursache beseitigt wird.[167] Die *Cognitive Appraisal Theory* findet in *Kapitel 3.1* Verwendung, um die Verbindung zwischen Fehlerausmaß und verschiedenen Formen der unternehmensbezogenen Beschwerde sowie des NWOM herzuleiten.

---

[160] Vgl. Nyer (1997), S. 297.
[161] Vgl. Lazarus (1991b), S. 134; Für eine Erklärung aller Komponenten zur primären und sekundären Einschätzung vgl. Lazarus (1991b), S. 149 ff.
[162] Vgl. Lazarus (1991b), S. 113.
[163] Vgl. Folkman/Lazaraus (1988), S. 467.
[164] Vgl. Nyer (1997), S. 297.
[165] Vgl. Lazarus/DeLongis (1983), S. 250.
[166] Vgl. Lazarus (1991b), S. 112.
[167] Vgl. Lazarus/DeLongis (1983), S. 250.

2.8 Theorien zur Auswirkung verschiedener Beschwerdekanäle

2.8.1 Der Gruppeneffekt der Deindividuation

Die Deindividuation ist einer der meist erwähnten Verhaltenseffekte, die in sozialen Gruppen auftauchen können.[168] Sie wird als Zustand beschrieben, in dem „individuals are not seen or paid attention to as individuals".[169] *Zimbardo* charakterisiert diesen Prozess als einen komplexen Vorgang, bei dem viele verschiedene soziale Determinanten zu einer veränderten Wahrnehmung des Selbst und anderer Mitmenschen führen. Dadurch kann die Schwelle für ein ungezügeltes gesellschaftliches Verhalten sinken.[170] So handeln Personen durch die Entpersonalisierung in der Gruppe weniger bewusst und persönliche Werte und Einstellungen werden zeitweise oder komplett zugunsten der gesamten Gruppenidentität zurückgestellt.[171]

Der ursprüngliche Denkansatz dieses Phänomens liegt in der *Crowd Theory* von *Le Bon* begründet. Dieser spricht von einem kollektiven Verstand, der innerhalb einer Gruppe entsteht und das individuelle Verhalten beeinflusst.[172] *Festinger/Pepitone/Newcomb* finden heraus, dass sich in Gruppen, durch die weniger bewusste Wahrnehmung des einzelnen Individuums, eine Reduktion innerer Hemmnisse etabliert.[173] Das Modell der Deindividuation wird von *Zimbardo* weiterentwickelt, indem dieser verschiedene Treiber für den o.g. Prozess untersucht. Die von ihm identifizierten Haupteinflussfaktoren auf deindividuierende Verhaltensweisen sind die Anonymität, der Verlust der persönlichen Verantwortung und die Gruppengröße. Darüber hinaus begünstigen die Erregung, eine sensorische Überlastung, allgemein neu aufkommende Situationen und bewusstseinsverändernde Substanzen wie Drogen oder Alkohol die Deindividuation in positiver Weise.[174] Insbesondere die Anonymität als Determinante führt zu einer Reduktion des Ich-Bewusstseins in der Gruppe und erleichtert so den Vorgang der Deindividuation.[175] Da keine individuelle Identifikation innerhalb der Gruppe stattfindet, kann auch kein Strafreiz zur Unterbindung eines gewissen Verhaltens eingesetzt werden.[176] Somit sinkt das Verantwortungsgefühl der Einzelperson in einer Gruppe. Da die

168 Vgl. Postmes/Spears (1998), S. 238.
169 Festinger/Pepitone/Newcomb (1952), S. 382.
170 Vgl. Zimbardo (1969), S. 251.
171 Vgl. Herkner (1981), S. 486.
172 Vgl. Le Bon (1896), S. 40.
173 Vgl. Festinger/Pepitone/Newcomb (1952), S. 382.
174 Vgl. Zimbardo (1969), S. 253; Für eine genauere Betrachtung der verschiedenen Determinanten vgl. Zimbardo (1969), S. 253 ff.
175 Vgl. Herkner (1981), S. 518.
176 Vgl. Zimbardo (1969), S. 255; Herkner (1981), S. 518.

Wahrscheinlichkeit, dass das Individuum für Handlungen individuell zur Rechenschaft gezogen werden kann, sehr gering ist, sinkt in der Konsequenz die Hemmschwelle für ein antisoziales Verhalten.[177] Die Literatur führt häufig in Bezug auf die Anonymität in Gruppen das Beispiel aus einer Studie von *Diener et al.* an: Sie weisen nach, dass maskierte Kinder, im Vergleich zu unmaskierten, wesentlich mehr Süßigkeiten an Halloween stehlen, wenn sie unbeobachtet an der Türschwelle alleine gelassen werden.[178] Die hier vorliegende Studie verwendet den verhaltenswissenschaftlichen Effekt der Deindividuation zur Herleitung des rachsüchtigen Beschwerdeverhaltens in Zusammenhang mit dem Beschwerdekanal in *Kapitel 3.1.3*.

2.8.2 Die Media Richness Theory

Die zwischenmenschliche Kommunikation ist ein komplexes Thema, bei dem Individuen psychologisch unterschiedlich anspruchsvoll gefordert werden und eine Reihe verschiedener Faktoren berücksichtigt werden müssen.[179] *Daft/Lengel* stellen in einem Artikel die verschiedenen Reichhaltigkeitsgrade diverser Medien dar, um den Verarbeitungsprozess von Informationen im Unternehmen besser erklären zu können.[180] Dabei zielt die Reichhaltigkeit auf die Fähigkeit eines Mediums ab, zusätzliche Informationen neben der eigentlichen Nachricht zu übermitteln und das gemeinsame Verständnis der übertragenen Mitteilung zu erleichtern.[181] Nach *Daft/Lengel/Treviño* kann die Reichhaltigkeit eines Mediums anhand von vier Kriterien evaluiert werden. So spielt die Fähigkeit eines Mediums ein unmittelbares Feedback zu gewährleisten die wichtigste Rolle bei dieser Klassifikation. Weitere Unterscheidungsmerkmale mit Bezug zur Reichhaltigkeit sind zusätzliche Reize bzw. nonverbale Hinweise (Mimik, Gestik, Stimmlage), die Sprachvielfalt (Wörter, Symbole) und der persönliche Fokus (übermittelte Gefühle und Emotionen). Die Ausprägung dieser Faktoren variiert deutlich zwischen verschiedenen Medien.[182] Der Kontakt *Face to Face* (FTF) ist demnach die reichhaltigste Kommunikationsform, da sie u.a. ein unmittelbares Feedback zulässt.[183] Auch das Telefon ermöglicht eine direkte Antwort. Allerdings sind lediglich Sprache und Ton verfügbar, sodass dieser Kommunikationskanal weniger reichhaltig ist als das persönliche Ge-

177 Vgl. Zimbardo (1969), S. 251; Aronson/Wilson/Akert (2004), S. 331.
178 Vgl. Diener et al. (1976), S. 180 ff.
179 Vgl. Kim (1977), S. 73.
180 Vgl. Daft/Lengel (1984), S. 195 f.
181 Vgl. Daft/Lengel (1984), S. 196; Daft/Lengel/Treviño (1987), S. 358.
182 Vgl. Daft/Lengel/Treviño (1987), S. 358.
183 Vgl. Daft/Lengel (1984), S. 196.

spräch.[184] In absteigender Reihenfolge schließen sich persönliche schriftliche Nachrichten (z.B. Brief), formale Dokumente sowie numerische Dokumente, bspw. Computer-Outputs, an.[185] Ordnet man das Internet bzw. die computerbasierte Kommunikation retrospektiv in dieses Raster ein, kann man feststellen, dass dieses Medium in verschiedenen Ausprägungen unterschiedliche Grade an Reichhaltigkeit besitzt. So findet man sowohl hoch interaktive Plattformen wie Chats, Instant-Messaging, Voice-Over-IP als auch weniger interaktive Medien, wie E-Mail/Blogs etc., vor.[186] *Daft/Lengel* stellen weiterhin dar, dass die Reichhaltigkeit und die Komplexität von Aufgaben positiv miteinander verbunden sind. So ermöglichen reichhaltige Medien eine schnellere Interpretation eines Sachverhalts durch die dargebotenen zusätzlichen Reize. Nicht-reichhaltige Medien dagegen können Probleme übersimplifizieren und sind daher nur zur Lösung von Standardproblemen geeignet.[187] Die Theorie der Medien-Reichhaltigkeit dient in *Kapitel 3.1.3* zur Herleitung der Wirkung des Beschwerdekanals auf die unternehmensbezogene Beschwerde. Nachdem nun die konzeptionellen Grundlagen als Basis für das weitere Verständnis dieser Studie gelegt sind, folgt in *Kapitel 3* die Herleitung des Hypothesengefüges für das Untersuchungsmodell.

[184] Vgl. Daft/Lengel (1984), S. 198.
[185] Vgl. Daft/Lengel (1984), S. 196.
[186] Vgl. Postmes/Spears/Lea (1998), S. 691; Dennis/Robert/Valacich (2008), S. 581.
[187] Vgl. Daft/Lengel (1984), S. 200.

3 Theoretische Herleitung des Hypothesengefüges

3.1 Direkte Effekte im Modell

3.1.1 Der Einfluss des Fehlerausmaßes auf die unternehmensbezogene Beschwerde

Vor der Durchführung einer empirischen Untersuchung werden zunächst Hypothesen entwickelt, die die verschiedenen Konstrukte in eine kausale Beziehung zueinander setzen. Dabei ergeben sich im Modell zwei Arten von Wirkungszusammenhängen: Zunächst werden die direkten Effekte, bei denen sich der Einfluss der Faktorausprägungen unmittelbar auf die abhängigen Variablen auswirkt, erläutert. Der sich anschließende Teil befasst sich mit vorhandenen interagierenden Effekten, auch indirekte Effekte genannt, bei deren Auftreten „die Wirkung eines Faktors auf eine abhängige Variable von der Ausprägung eines anderen Faktors beeinflusst wird".[188]

Das Fehlerausmaß wird neben Kundenloyalität, Service-Garantien und wahrgenommener Qualität häufig im Service-Kontext zur Bestimmung der Recovery-Erwartungen der Konsumenten genutzt.[189] Die genaue Wortwahl des Schweregrades des Fehlers differiert dabei studienabhängig. So benutzen *Weun/Beatty/Jones* den Begriff *Severity*,[190] *Thøgerson/Juhl/Poulsen* beschreiben die *Seriousness of the Defect or Deficiency*;[191] *Hess Jr./Ganesan/Klein* die *Magnitude of Failure*.[192] Ein Konsument kann sich, wie bereits in *Abschnitt 2.4* erläutert, auf vielfältige Art und Weise zu einer schlechten Erfahrung mit einem Service äußern. Dabei stellt die unternehmensbezogene Beschwerde eine mögliche Antwort auf eine fehlerhaft erbrachte Dienstleistung und die daraus resultierende Unzufriedenheit dar.[193] Um die Intention, die hinter einer Beschwerde steht, genauer ergründen zu können, ist es sinnvoll, die dem Unternehmen entgegengebrachte Beschwerde in konkretere Unterkategorien aufzuteilen. *Gelbrich* differenziert hierbei nach der problemlösenden und der rachsüchtigen Beschwerde,[194] die beide als abhängige Variable in dem hier vorliegenden Versuchsaufbau berücksichtigt werden.

---

[188] Eschweiler/Evanschitzky/Woisetschläger (2007), S. 551.
[189] Vgl. Craighead/Karwan/Miller (2004), S. 310.
[190] Vgl. Weun/Beatty/Jones (2004), S. 134.
[191] Vgl. Thøgerson/Juhl/Poulsen (2009), S. 765.
[192] Vgl. Hess Jr./Ganesan/Klein (2003), S. 132.
[193] Vgl. Singh (1988), S. 104.
[194] Vgl. Gelbrich (2010), S. 570 f.

Basierend auf den Erklärungen in *Kapitel 2.3* besteht eine enge Beziehung zwischen Unzufriedenheit und auftretenden negativen Emotionen. Zur individuellen Emotionsbildung und dem daraus resultierendem Verhalten beruft sich *Lazarus* mit der *Cognitive Appraisal Theory* auf einen zweistufigen Prozess.[195] Bezogen auf das konkrete Ereignis in dieser Studie (Service-Fehler) überprüft die betroffene Person zunächst, ob durch den aufgetretenen Service-Fehler ihre ursprüngliche Zielrelevanz oder Zielkongruenz beeinträchtigt ist. Falls dies zutrifft, entwickelt das Individuum in einem zweiten Schritt eine Bewältigungsstrategie, die zur Regulation der entstehenden negativen Emotionen verhilft. Wie bereits in *Kapitel 2.7* erwähnt, ist dabei die Bewältigungsstrategie von der subjektiven Einschätzung abhängig und vice versa.[196] Da bei einem zunehmenden Fehlerausmaß die Zielkongruenz sinkt, steigt der Stress und es ergeben sich stärkere negative Emotionen.[197] Als logische Konsequenz daraus ergibt sich ein höherer Drang zur Reduktion dieser negativen Emotionen. Zusammenfassend kann daher davon ausgegangen werden, dass der Drang zur Verringerung negativer Emotionen höher ist, je stärker die auftretenden negativen Emotionen sind.

Individuen haben gewisse Vorstellungen von Gerechtigkeit und Fairness bei Konsumerlebnissen und entwickeln negative Reaktionen, wenn diese Vorstellungen nicht eingehalten werden.[198] Ein auftretender Service-Fehler beinhaltet aus Kundensicht immer ein gewisses Maß an ungerechter Behandlung.[199] Daher nimmt die wahrgenommene Gerechtigkeit im Beschwerdeverhalten eine wichtige Rolle ein und stellt einen wesentlichen Treiber dar. Viele Studien wie bspw. die von *DeWitt/Nguyen/Marshall* oder auch *Schoefer/Diamantopulus* bestätigen einen negativen Wirkungszusammenhang zwischen der wahrgenommenen Gerechtigkeit und resultierenden negativen Emotionen beim Kunden.[200] Dies deckt sich mit weiteren Ergebnissen von *Chebat/Slusarczyk*, die feststellen, dass im Bereich des Service-Recovery die wahrgenommene Gerechtigkeit positive Emotionen fördert und negative Emotionen reduziert.[201] Basierend auf diesen Ergebnissen kann angenommen werden, dass die wahrgenommene Ungerechtigkeit im Umkehrschluss die Entstehung negativer Emotionen fördert.

[195] Vgl. Lazarus (1991b), S. 133.
[196] Vgl. Lazarus/Folkman (1988), S. 467.
[197] Vgl. Nyer (1997), S. 297.
[198] Vgl. Martinez-Tur et al. (2006), S. 101.
[199] Vgl. Maxham III (2001), S. 12; Michel/Bowen/Johnston (2009), S. 255.
[200] Vgl. DeWitt/Nguyen/Marshall (2008), S. 271; Schoefer/Diamantopulus (2008), S. 96.
[201] Vgl. Chebat/Slusarczyk (2005), S. 669.

Die *Equity Theory* kann nun dabei helfen die Wahrnehmung einer als ungerecht empfundenen Situation, wie sie ein Service-Fehler aus Kundensicht darstellt, aufzuzeigen. Laut *Adams* besteht bei Austauschprozessen zwischen Individuen stets die Möglichkeit, dass diese eine Transaktion als gerecht oder ungerecht empfinden.[202] Ist das Verhältnis von Gewinn und Investition beider an der Transaktion teilnehmenden Parteien gleich, kann die Transaktion als gerecht bezeichnet werden. Herrscht dagegen eine Ungleichheit, wird eine Partei einen Verlust wahrnehmen und in der Folge Ungerechtigkeit erfahren.[203] Allgemein streben Individuen ein Gleichgewicht in sozialen Beziehungen an,[204] d.h. sie zielen auf eine faire Gegenleistung, bei gegebenem Einsatz, ab. Es gilt dabei, je größer die Ungleichheit ist, umso mehr Stress erfahren die Personen und umso stärker möchten diese die Gerechtigkeit wiederherstellen.

Dies kann nach *Walster/Berscheid/Walster* auf zwei Wegen erfolgen: Auf Basis der materiellen Input-Output-Beziehung oder durch die Wiederherstellung einer psychologischen Balance.[205] Die sich daraus ergebenden Verhaltenskonsequenzen sind ihrer Klassifikation folgend das Streben nach Kompensation und das Ausüben von Rache.[206] Das Fehlerausmaß hat dabei einen negativen Einfluss auf die wahrgenommene Gerechtigkeit.[207] Ziel bei der Wiederherstellung der Gerechtigkeit ist es die entstehenden negativen Emotionen zu verringern.[208] Die aus einem Fehler resultierende Ungerechtigkeit kann dabei als relevante Determinante angesehen werden, die die Zielkongruenz nach *Lazarus* beeinträchtigt und so die Bewältigung resultierender negativer Emotionen fördert. Als mögliche Strategien zur Bewältigung dieser Situation dienen die problemlösende Beschwerde (Kompensation) sowie die rachsüchtige Beschwerde bzw. das rachsüchtige NWOM.

202 Vgl. Adams (1965), S. 268.
203 Vgl. Adams (1965), S. 273; Adams verwendet die Begriffe Inequity und Injustice synonym.
204 Vgl. Aronson/Wilson/Akert (2004), S. 374.
205 Vgl. Walster/Berscheid/Walster (1973), S. 154; Adams beschreibt dabei sieben Möglichkeiten der Reduktion der Ungleichheit; vgl. dazu Adams (1965), S. 283 ff.
206 Vgl. Walster/Berscheid/Walster (1973), S. 165.
207 Vgl. Adams (1965), S. 283; Gilliland (1993), S. 696; Smith/Bolton/Wagner (1999), S. 360; Gregoire/Laufer/Tripp (2010), S. 749.
208 Vgl. Adams (1965), S. 283.

Der Einfluss des Fehlerausmaßes auf die problemlösende Beschwerde

Yi und *Baumgartner* stufen diese Beschwerdeform, aufbauend auf dem Konzept von *Lazarus*, als problemorientierte Bewältigungsstrategie ein.[209] Die problemlösende Beschwerde stellt in erster Linie einen direkten Weg für einen Konsumenten dar, nach einer Wiedergutmachung, einem Austausch, einer Reparatur oder einer Entschuldigung zu streben.[210] Der Kunde nimmt mit dem Unternehmen Kontakt auf, um entstandene Probleme zu besprechen und sie gemeinsam lösen zu können.[211] Dieses Beschwerdeverhalten kann als konstruktiv bezeichnet werden, da die Person versucht das Problem auf rationale Art und Weise zu analysieren und anschließend zu lösen.[212] Ziel dabei ist es, durch die nach außen gerichtete Handlung, ähnlich wie beim hilfesuchenden NWOM *(s. Kapitel 3.1.2)*, eine externe, in diesem Fall instrumentelle Unterstützung vom Anbieter zu erhalten.[213] Konsumenten können eine Kompensation nur dann erhalten, wenn das Unternehmen von der nicht-erfüllten Leistung erfährt. Folglich müssen diese sich an das Unternehmen wenden. Mit einer hervorgebrachten Beschwerde steigen die Wahrscheinlichkeit einer Kompensation und somit auch der Nettonutzen der Beschwerde.[214] Das Fehlerausmaß hat dabei nach *Grégoire/Fisher* einen direkten positiven Einfluss auf das Streben nach einer Entschädigung.[215] *Folkman/Lazarus* können darüber hinaus eine positive Verbindung zwischen der problemlösenden Bewältigung und der Reduktion negativer Emotionen festhalten.[216] Da durch ein steigendes Ausmaß des Fehlers über die wahrgenommene Ungerechtigkeit negative Emotionen gefördert werden und die problemlösende Beschwerde eine Bewältigungsstrategie zur Reduktion dieser Emotionen darstellt, kann man von einer positiven kausalen Beziehung zwischen dem Fehlerausmaß und der problemlösenden Beschwerde ausgehen. Dazu wird folgende Hypothese postuliert:

H_1:	Mit zunehmendem Fehlerausmaß steigt die Absicht der problemlösenden Beschwerde.

[209] Vgl. Yi/Baumgartner (2004), S. 304.
[210] Vgl. Blodgett/Hill/Tax (1997), S. 187; Hibbard/Kumar/Stern (2001), S. 46; Grégoire/Fisher (2008), S. 248.
[211] Vgl. Ping Jr. (1993), S. 330; Grégoire/Fisher (2008), S. 248 f.
[212] Vgl. Folkes/Koletsky/Graham (1987), S. 535; Gelbrich (2010), S. 571.
[213] Vgl. Cohen/McKay (1984), S. 262; Gelbrich (2010), S. 571.
[214] Vgl. Pepels (2008), S. 107.
[215] Vgl. Grégoire/Fisher (2008), S. 255.
[216] Vgl. Folkman/Lazarus (1988), S. 473.

Der Einfluss des Fehlerausmaßes auf die rachsüchtige Beschwerde

Im Rahmen dieser Studie stellt die zweite Möglichkeit, sich ggü. dem Anbieter zu äußern, die rachsüchtige Beschwerde dar. Sie beschreibt die Antwort auf einen Service-Fehler, die ein Konsument einer Firma direkt entgegenbringt und enthält eine Strafkomponente.[217] Diese Beschwerdeform zielt darauf ab, den eigenen Unmut ggü. dem Unternehmen zu äußern, es zu kritisieren und diesem Unannehmlichkeiten zu bereiten.[218] Innerhalb dieses Forschungsvorhabens werden, wie auch bei *Grégoire/Fisher*, andere Formen der Rache wie körperliche Gewalt, Diebstahl, Vandalismus etc. als Antwort auf eine unbefriedigende Service-Erfahrung ausgeschlossen.[219]

Bezieht man sich auf das Konzept von *Lazarus*, liegt bei der rachsüchtigen Beschwerde eine Mischform zwischen problemorientierter und emotionsorientierter Bewältigung vor. Zum einen nimmt das Individuum aktiv eine Handlung vor, um die Situation bzw. den Umweltzustand, in dem es sich befindet, zu ändern.[220] Zum anderen dient die rachsüchtige Beschwerde neben der Bestrafung des Anbieters und der Absicht dessen Einstellung womöglich zu ändern, zum Ablassen von Ärger und Unzufriedenheit ggü. dem Unternehmen.[221] Ziel ist es dabei sich anschließend besser zu fühlen.[222] Diese Beschwerdeform kann als eine aggressive *Voicing*-Antwort in *Singhs* Klassifikation verstanden werden und stellt ein direktes Rachevverhalten dar.[223]

Grégoire/Tripp/Legoux stellen in ihrer Studie eine unmittelbare positive Verbindung zwischen Fehlerausmaß und dem Wunsch nach Rache her.[224] Diese Verhaltensabsicht kann sich wiederum stark positiv auf die rachsüchtige Beschwerde auswirken.[225] Auch bei der rachsüchtigen Form der Beschwerde kann man auf die wahrgenommene Gerechtigkeit als Bindeglied zwischen Fehlerausmaß und negativen Emotionen zurückgreifen, sodass gilt: Je höher das Ausmaß des Fehlers und somit die erlebte Ungerechtigkeit sind, umso stärker gestalten sich die entstehenden negativen Emotionen. Es resultiert ein höheres Verlangen nach direkter

[217] Vgl. Folkes/Koletsky/Graham (1987), S. 535; Gelbrich (2010), S. 570.
[218] Vgl. Morrill/Thomas (1992), S. 415; Hibbard/Kumar/Stern (2001), S. 46; Grégoire/Fisher (2008), S. 249.
[219] Vgl. Grégoire/Fisher (2008), S. 249.
[220] Vgl. Lazarus (1991b), S. 112.
[221] Vgl. Mattila/Wirtz (2004), S. 149; Yi/Baumgartner (2004), S. 304.
[222] Vgl. Kowalski (1996), S. 191.
[223] Vgl. Singh (1988), S. 101; Hibbard/Kumar/Stern (2001), S. 46; Gelbrich (2010), S. 570.
[224] Vgl. Grégoire/Tripp/Legoux (2009), S. 23.
[225] Vgl. Grégoire/Laufer/Tripp (2010), S. 750.

Rache,[226] um die Situation und die entstehenden Emotionen auf diese Weise bewältigen zu können. Damit kann die zweite Hypothese dieses Untersuchungsmodells aufgestellt werden:

H_2:	Mit zunehmendem Fehlerausmaß steigt die Absicht der rachsüchtigen Beschwerde.

3.1.2 Der Einfluss des Fehlerausmaßes auf das NWOM

Konsumenten tendieren allgemein eher dazu, sich nicht direkt zu beschweren und stattdessen die indirekte Beschwerde (NWOM) zu wählen.[227] Eine mögliche Ursache dafür kann z.B. eine geringe antizipierte Wahrscheinlichkeit auf Beschwerdeerfolg im Kompensationsfall sein.[228] Viele Studien können den direkten positiven Einfluss des Fehlerausmaßes auf das NWOM nachweisen.[229] Dabei wird dieses Konstrukt häufig pauschal betrachtet und es fehlt eine exakte Differenzierung. Um die Intentionen hinter diesem Verhalten zu erläutern, kann man verschiedene Motive heranziehen. *Sundamaran/Webster/Mitra* differenzieren hierbei im Ergebnisteil ihrer Studie die Motive des NWOM nach Altruismus, Reduktion der Angst, Rache und der Suche nach Ratschlägen.[230] *Wetzer/Zeelenberg/Pieters* wiederum unterscheiden spezielle Emotionen, die in Abhängigkeit des jeweiligen Ziels den Einsatz von NWOM beim Konsumenten begründen. Die Motive dabei sind die Suche nach Trost oder Ratschlägen, das Ablassen von Frustration, Unterhaltung, die Selbst-Präsentation, die sozial stärkende Funktion des NWOM sowie die Rache.[231] *Gelbrich* nutzt ebenfalls zwei Facetten des NWOM (rachsüchtig und hilfesuchend) als Antwort auf entstehende Service-Fehler, die zur Erklärung der Regulierung negativer Emotionen dienen. Nach ihr sind die beiden Haupttreiber des NWOM die entstehende Wut sowie die erfahrene Hilflosigkeit im Fehlerfall.[232] Die eben genannten Formen des NWOM werden auch in der vorliegenden Studie übernommen.

Schoefer/Diamantopulus klassifizieren das NWOM als Form der emotionsorientierten Bewältigung, die darauf ausgerichtet ist, nicht den Umweltzustand aktiv zu ändern, sondern Emoti-

[226] Vgl. Grégoire/Fisher (2006), S. 40.
[227] Vgl. Nyer/Gopinath (2005), S. 941; vgl. z.B. Zaugg/Jäggi (2006), S. 21; Chelminski/Coulter (2011), S. 366.
[228] Vgl. Blodgett/Granbois/Walters (1993), S. 416.
[229] Vgl. z.B. Richins (1983), S. 72; Weun/Beatty/Jones (2004), S. 138; Hess Jr. (2008), S. 392; Chelminski/Coulter (2011), S. 366.
[230] Vgl. Sundaram/Mitra/Webster (1998), S. 529 f.
[231] Vgl. Wetzer/Zeelenberg/Pieters (2007), S. 662 f.
[232] Vgl. Gelbrich (2010), S. 568 ff.

onen abzulassen bzw. emotionale Unterstützung zu erhalten.[233] Diese Untersuchung schließt sich ihrer Auffassung an. Daher ist es sinnvoll, wie im Falle der unternehmensbezogenen Beschwerde, ebenfalls die *Cognitive Appraisal Theory* als Fundament zur Erklärung heranzuziehen. Beide Formen des NWOM stellen also auch hier im Sinne von *Lazarus* Bewältigungsstrategien aus emotionstheoretischer Sicht dar und definieren sich somit über diese Funktion.[234]

Der Einfluss des Fehlerausmaßes auf das hilfesuchende NWOM

Zur kausalen Herleitung des hilfesuchenden NWOM dient zusätzlich die *Social Support Theory*. Sie besagt, dass die soziale Unterstützung anderer den erlebten Stress (somit auch negative Emotionen) reduziert, die eigene Gemütslage verbessert und sogar einen positiven Einfluss auf die Gesundheit haben kann. Oft hilft Menschen dabei auch nur der Glaube daran, dass sozialer Rückhalt gegeben ist.[235] Nach dieser Theorie suchen Individuen in auftretenden Stresssituationen nach sozialem Beistand, um ideale Bewältigungsstrategien entwickeln zu können. Dabei spielen v.a. die emotionale oder materielle Unterstützung sowie die Hilfe bei der Einschätzung der Situation eine wichtige Rolle.[236] Erstere ist das Kernelement des hilfesuchenden NWOM. Es zielt im Wesentlichen auf eine direkte emotionale Unterstützung des Konsumenten und auf die Suche nach Verständnis oder Trost für die eigene Situation ab. Darüber hinaus kann der Betroffene neben emotionaler Hilfe auch konstruktive Ratschläge von anderen zur Verbesserung der eigenen Situation in Betracht ziehen.[237] *Wetzer/Zeelenberg/Pieters* bestätigen dies, indem sie die moralische Unterstützung als ein Motiv des NWOM ausmachen und dieses mit Emotionen in Verbindung bringen.[238] *Gelbrich* stuft des NWOM basierend auf der o.g. Theorie als typische Reaktion auf eine frustrierende Service-Erfahrung ein.[239] Man kann davon ausgehen, dass die Suche nach sozialer Unterstützung mit zunehmendem Ausmaß des Fehlers steigt, da hier erneut die Bewältigung der negativen Erfahrung und somit die Reduktion negativer Emotionen durch externe Unterstützung im Vordergrund steht. Es kann damit auf folgende dritte Hypothese geschlossen werden.

---

[233] Vgl. Schöfer/Diamantopulus (2008), S. 93.
[234] Vgl. Zeelenberg/Pieters (2004), S. 449.
[235] Vgl. Lakey/Cohen (2000), S. 30 f.
[236] Vgl. Cohen/McKay (1984), S. 262.
[237] Vgl. Yi/Baumgartner (2004), S. 305.
[238] Vgl. Wetzer/Zeelenberg/Pieters (2007), S. 665.
[239] Vgl. Gelbrich (2010), S. 570.

H3: Mit zunehmendem Fehlerausmaß steigt die Absicht des hilfesuchenden NWOM.

Der Einfluss des Fehlerausmaßes auf das rachsüchtige NWOM

Die vierte abhängige Variable im Untersuchungsmodell wird durch das rachsüchtige NWOM abgebildet. Es ist dabei Teil eines vergeltenden Kundenverhaltens, das darauf ausgerichtet ist, anderen Konsumenten negative Eindrücke zu vermitteln und sie vom Geschäftskontakt mit dem Unternehmen abzuhalten.[240] Die Absicht hinter dieser Verhaltensweise ist in erster Linie dem Anbieter zu schaden, weil man selbst Schaden erlitten hat.[241] Das Weitergeben von schlechten Erfahrungen an andere Konsumenten stellt eine Möglichkeit dar, das Racheverhalten indirekt zu äußern.[242]

Ähnlich wie bei der rachsüchtigen Beschwerde können Individuen beim rachsüchtigen NWOM vom förderlichen Effekt des Frustablassens profitieren,[243] indem sie sich bei anderen beschweren. Dabei ist anzumerken, dass das NWOM-Motiv der Rache für ein Unternehmen eine wesentlich stärkere negative Wirkung haben kann als z.B. das Bedürfnis, durch NWOM soziale Beziehungen zu stärken.[244] Die indirekte Rache drückt sich hier erneut als Antwort auf die vorherrschende Ungerechtigkeit aus.[245] *Grégoire/Laufer/Tripp* können auch in diesem Fall das Fehlerausmaß über die entstehende Wut und das daraus resultierende Bedürfnis nach Rache positiv mit dem NWOM in Verbindung bringen. Des Weiteren existiert in ihrer Untersuchung ebenso eine direkte Verbindung des Fehlerausmaßes zum NWOM.[246] Die steigenden negativen Emotionen, durch das zunehmende Fehlerausmaß induziert, fördern also auch hier das Bedürfnis zur Bewältigung dieser. In diesem Fall durch Ausübung eines indirekten Racheaktes. Darauf aufbauend kann folgende Hypothese postuliert werden:

H4: Mit zunehmendem Fehlerausmaß steigt die Absicht des rachsüchtigen NWOM.

240 Vgl. Nyer/Gopinath (2005), S. 949; Grégoire/Fisher (2006), S. 36.
241 Vgl. Wetzer/Zeelenberg/Pieters (2007), S. 665.
242 Vgl. Grégoire/Laufer/Tripp (2010), S. 739.
243 Vgl. Hibbard/Kumar/Stern (2001), S. 46; Nyer/Gopinath (2005), S. 939.
244 Vgl. Wetzer/Zeelenberg/Pieters (2007) S. 664 f.
245 Vgl. Walster/Berscheid/Walster (1973), S. 165.
246 Vgl. Grégoire/Laufer/Tripp (2010), S. 750.

3.1.3 Der Einfluss des Beschwerdekanals auf die unternehmensbezogene Beschwerde

Neben dem Fehlerausmaß gibt es noch eine Vielzahl anderer Determinanten, die das Beschwerdeverhalten beeinflussen. Der Fokus im nächsten Teil dieser Arbeit liegt auf den Beschwerdekanälen und deren Auswirkungen auf die unternehmensbezogene Beschwerde. Die Media Richness Theory und die Theorie der Deindividuation dienen hierbei als theoretische Grundlagen für die folgenden Erläuterungen.

Typische Ausprägungen der Kommunikationskanäle in der Beziehung zwischen Konsumenten und Unternehmen sind die persönliche Ansprache am Point of Sale, ein Anruf per Telefon, Kontakt über das Internet (E-Mail/Foren/Soziale Netzwerke) oder der Schriftverkehr via E-Mail, Fax oder Brief *(s. Kapitel 2.8.2)*. Ein Kommunikationskanal dient dabei dem Austausch von Informationen zwischen Unternehmen und Konsumenten.[247] Ein Beschwerdekanal im Speziellen ist ein Medium, mit dem Konsumenten ihre Unzufriedenheit ggü. dem Unternehmen ausdrücken können.[248] Das Beschwerdeverhalten ist kanalspezifisch,[249] da sich die bereitgestellten Kanäle, sowohl für Kunden als auch Anbieter, hinsichtlich verschiedener Faktoren stark unterscheiden.[250] Diese Aussage wird durch *Godfrey/Seiders/Voss* gestützt, die in ihrer Studie unterschiedliche Einflüsse verschiedener Kommunikationskanäle und deren Kombination auf das Konsumentenverhalten untersuchen.[251] *Rosario et al.* und *Tamres/Janicki/Helgeson* erläutern, dass die jeweilige Bewältigungsstrategie eines Ereignisses, in dem hier vorliegenden Fall die rachsüchtige oder problemlösende Beschwerde, stark von der jeweiligen Situation abhängt, in der sich der Konsument befindet.[252] Da die vom Unternehmen zur Verfügung gestellten Beschwerdekanäle die Situation für den Kunden an sich determinieren, kann man daraus einen Effekt auf das Beschwerdeverhalten ableiten.

Der Einfluss des Beschwerdekanals auf die problemlösende Beschwerde

Eine Möglichkeit zur Erklärung unterschiedlicher Verhaltensweisen, bei Nutzung eines bestimmten Beschwerdekanals, kann auf die *Media Richness Theory* zurückgeführt werden. Medien haben einen unterschiedlichen Grad an Informations-Reichhaltigkeit, mit dem sie in

---

[247] Vgl. Kiang/Raghu/Shang (2000), S. 386.
[248] Vgl. Zaugg (2008), S. 216.
[249] Vgl. Zaugg (2006), S. 1.
[250] Vgl. Zaugg (2008), S. 218.
[251] Vgl. Godfrey/Seiders/Voss (2011), S. 95 ff.
[252] Vgl. Rosario et al. (1988), S. 68; Tamres/Janicki/Helgeson (2002), S. 5.

der Interaktion zwischen einzelnen Personen dienen.[253] Die persönliche Ansprache ermöglicht es dabei einer Person verschiedene Modi der Kommunikation anzuwenden. So können nicht nur Wörter benutzt, sondern auch der Tonfall variiert und Gestik und Mimik ausgetauscht werden.[254] Das Telefon hingegen hat einen geringeren Grad an Reichhaltigkeit,[255] da die visuelle Komponente sowie Körpersprache und Augenkontakt nicht vorhanden sind.[256] Der Online-Kanal, im hier vorliegenden Fall die E-Mail, hat die geringste Reichhaltigkeit. Sie ist textbasiert, ähnlich wie geschriebene Dokumente in der ursprünglichen Klassifikation von *Daft/Lengel*, und wesentlich weniger personenbezogen als andere Beschwerdekanäle.[257] Daher ist es allgemein schwieriger über die computerbasierte Kommunikation Probleme zu lösen.[258]

Ein Bestandteil der Klassifikation des Reichhaltigkeitskonzeptes ist das unmittelbare Feedback.[259] Die FTF-Kommunikation bildet zusammen mit dem Telefon einen Teil der synchronen Medien.[260] Anhand dieser sind ein unmittelbarer Informationsaustausch und ein direktes Feedback jederzeit möglich. Aufkommende Unklarheiten können direkt beseitigt werden und eine schnelle Neuinterpretation eines Sachverhaltes kann im Problemfall erfolgen.[261] Bei der FTF-Situation hilft bspw. der Augenkontakt oder die Unterhaltung an sich, Vertrauen zwischen Verkäufer und Kunde aufzubauen. Dadurch ist es möglich ein tiefes emotionales Verständnis für die Person ggü. aufzubauen.[262] Ein Telefonat basiert auf einer persönlichen Auseinandersetzung und ermöglicht ein direktes Feedback, sodass dieses Medium noch relativ reichhaltig ist.[263] Die E-Mail wiederum ist eine asynchrone Kommunikationsform,[264] bei der bereits ein gewisses Vertrauen zum Anbieter herrschen muss, damit die Konsumenten davon überzeugt sind, dass ein Unternehmen ein auftauchendes Problem auch im ersten Schritt lösen kann.[265] Viele Konsumenten sehen dabei eventuelle Vorteile des Online-Kanals

[253] Vgl. Daft/Lengel (1984), S. 196.
[254] Vgl. Daft/Lengel (1986), S. 560.
[255] Vgl. Daft/Lengel/Treviño (1987), S. 359.
[256] Vgl. Lengel/Daft (1989), S. 226.
[257] Vgl. Daft/Lengel (1986), S. 560; Zaugg (2008), S. 220.
[258] Vgl. Daft/Lengel/Treviño (1987), S. 358; Zaugg (2008), S. 218.
[259] Vgl. Daft/Lengel/Treviño (1987), S. 358.
[260] Vgl. Dennis/Fuller/Vallacich (2008), S. 581.
[261] Vgl. Kahai/Cooper (2003), S. 266.
[262] Vgl. Lengel/Daft (1989), S. 226; Ba/Whinston/Zhang (2003), S. 275.
[263] Vgl. Daft/Lengel/Treviño (1987), S. 359; Lengel/Daft (1989), S. 226.
[264] Vgl. Stauss/Seidel (2002), S. 108.
[265] Vgl. Zaugg (2006), S. 5.

nicht, da sie überzeugt sind, dass im Schriftverkehr per E-Mail eine schnelle Problemlösung nicht gefunden werden kann.[266] *Kahai/Cooper* bekräftigen, dass eine höhere Reichhaltigkeit eines Mediums dabei hilft, eine bessere Kommunikation auf emotionaler Ebene zu ermöglichen und die Deutlichkeit einer Nachricht zunimmt,[267] indem Unsicherheit reduziert wird und Unklarheiten aus dem Weg geschaffen werden.[268] Damit haben reichhaltige Medien ggü. weniger reichhaltigen einen Mehrwert in Bezug auf die Fähigkeit zur Klärung von Streitfragen.[269] *Xu/Cenfetelli/Aquino* halten darüber hinaus fest, dass reichhaltige Medien dazu führen, dass negative Emotionen wie Wut und das daraus resultierende Racheverhalten abgeschwächt werden.[270] Dies kann wiederum das konstruktive Beschwerdeverhalten fördern und sich positiv auf die problemlösende Beschwerde auswirken. Wie bereits in *Kapitel 3.1.1* erwähnt, ist die Intention bei der problemlösenden Beschwerde meist eine Kompensation. *Mattila/Wirtz* weisen nach, dass Konsumenten im Falle einer Entschädigung eher interaktive Kanäle bevorzugen.[271] Da das unmittelbare Feedback eine Komponente der Reichhaltigkeit darstellt, steht dies mit der bisherigen Herleitung eng in Zusammenhang und stützt diese. Nach den ausgeführten Erläuterungen kann vermutet werden, dass durch eine höhere Reichhaltigkeit eines Mediums, die u.a. ein schnelles Feedback zulässt, ein besseres Verständnis im Beschwerdefall entsteht. Dies kann wiederum die Absicht einer problemlösenden Beschwerde verstärken. Daher wird folgende Hypothese aufgestellt:

H_5:	Mit zunehmender Reichhaltigkeit eines Beschwerdekanals steigt die Absicht der problemlösenden Beschwerde.

Der Einfluss des Beschwerdekanals auf die rachsüchtige Beschwerde

Die Folgen der Deindividuation werden häufig in Zusammenhang mit dem Internet und insbes. mit der computerbasierten Kommunikation diskutiert.[272] Das Internet nimmt dabei die Rolle eines anonymen Kommunikationskanals ein.[273] Nach *Festinger/Pepitone/Newcomb*

---

266 Vgl. Zaugg (2008), S. 226.
267 Vgl. Kahai/Cooper (2003), S. 284.
268 Vgl. Vickery et al. (2004), S. 1110.
269 Vgl. Agarwal/Prasad (1999), S. 20.
270 Vgl. Xu/Cenfetelli/Aquino (2012), S. 347.
271 Vgl. Mattila/Wirtz (2004), S. 152.
272 Vgl. z.B. McKenna/Bargh (2000), S. 57 ff.; Hinduja (2008), S. 391 ff.
273 Vgl. Ybarra/Mitchell (2004), S. 320.

sehen sich Personen in einer anonymen Gruppe nicht mehr als selbstständige Individuen. Sie glauben, dass sie nicht als Einzelpersonen wahrgenommen werden, da sie zu einer Gruppe zusammengewachsen sind.[274] Dies kann eine enorme Verhaltensänderung zur Folge haben, sodass Personen eventuell Dinge tun, die sie außerhalb der Gruppe nicht getan hätten.[275] Übertragen auf die elektronische Kommunikation kann die dadurch vorherrschende Anonymität im Internet dazu führen, dass ein Individuum zu abnormem und ungezügeltem Verhalten neigt, was bspw. *Siegel/Kiesler/McGuire* nachweisen.[276] Somit können Konsumenten im Online-Kanal auf einfache Art und Weise ihren negativen Emotionen freien Lauf lassen, andere Konsumenten damit warnen oder einfach Rache ausüben,[277] ohne dafür Rechnung tragen zu müssen. Die Tatsache, dass man nicht wirklich anonym ist (z.B. Ortung über IP-Adresse möglich) spielt dabei keine Rolle,[278] da die weite physische Distanz und die geringe soziale Präsenz das Gefühl der Anonymität verstärken.[279]

Im Gegensatz zur FTF-Situation gibt es in der schriftlichen Online-Kommunikation keine visuellen Reize und soziale Normen bzw. Standards werden weniger stark wahrgenommen.[280] *Sproull/Kiesler* erläutern, dass sich Individuen bei einem hohen Maß an sozialen Reizen kontrolliert verhalten, sie jedoch bei geringer sozialer Präsenz selbstbezogen und unkontrolliert handeln.[281] Da in anonymeren Medien automatisch eine geringere soziale Präsenz herrscht, kann dies ebenso zu einem aggressiven Verhalten führen. Das Medium E-Mail verringert zudem den wahrgenommenen psychologischen Aufwand bei dessen Nutzung, da durch die Asynchronität keine kritische oder unangenehme Gesprächssituation zu Stande kommen kann.[282] Somit ist das mögliche antizipierte Schamgefühl in diesem Kanal geringer als bei Nutzung des Telefons oder im persönlichen Gespräch.[283] Damit in Einklang steht eine Studie von *Reynold/Harris*. Sie zeigt, dass Konsumenten bei ungerechtfertigten Beschwerden unpersönliche (anonyme) und schriftliche Beschwerdekanäle bevorzugen.[284] Da man davon ausgehen kann, dass sich bei ungerechtfertigten Beschwerden eventuell eine unangenehme

---

274 Vgl. Festinger/Pepitone/Newcomb (1952), S. 382; Jessup/Connolly/Galegher (1990), S. 314.
275 Vgl. Festinger/Pepitone/Newcomb (1952), S. 382.
276 Vgl. Siegel/Kiesler/McGuire (1986), S. 183; Wallace (1999), S. 125; Lapidot-Lefler/Barak (2012), S. 435.
277 Vgl. De Matos/Rossi (2008), S. 593.
278 Vgl. Suler (2004), S. 322.
279 Vgl. Wallace (1999), S. 39.
280 Vgl. Alonzo/Aiken (2004), S. 206.
281 Vgl. Sproull/Kiesler (1986), S. 1495.
282 Vgl. Stauss/Seidel (2002), S. 108.
283 Vgl. Mattila/Wirtz (2004), S. 152.
284 Vgl. Reynolds/Harris (2005), S. 331.

Situation ergeben kann, verstärken ihre Studienergebnisse die bisherige Herleitung. Auch die Untersuchung von *Mattila/Wirtz* geht einen ähnlichen Weg mit der Aussage, dass Personen nicht-interaktive Kanäle, wie z.B. die E-Mail, nutzen, um ihren Ärger ggü. einem Unternehmen loszuwerden.[285] Es kann davon ausgegangen werden, dass die wahrgenommene Anonymität im Beschwerdekanal der E-Mail am höchsten, bei der Beschwerde per Telefon geringer und beim persönlichen Gespräch am niedrigsten ist. Aufbauend auf den Erkenntnissen der Deindividuation und den genannten Studien kann gefolgert werden, dass die Anonymität im Beschwerdekanal der Haupttreiber ungezügelten Verhaltens ist. Daher wird mit einem erhöhten Grad an Anonymität im Beschwerdekanal die rachsüchtige Beschwerde gefördert. Es ergibt sich daraus folgende Hypothese:

H_6:	Mit zunehmender Anonymität im Beschwerdekanal steigt die Absicht der rachsüchtigen Beschwerde.

3.2 Der Interaktionseffekt zwischen Fehlerausmaß und MI

Neben den direkten Einflüssen, die innerhalb dieser Studie postuliert werden, existieren noch weitere interagierende Effekte, die ebenfalls Auswirkungen auf die abhängigen Variablen besitzen. *Grégoire/Fisher* bezeichnen in Anlehnung an *Anderson/Narus* eine Beziehung im Kundenkontext als ein psychologisches Verhältnis zwischen dem Konsumenten und dem Unternehmen, dessen Mitarbeitern oder einer Marke.[286] Die Beziehungsqualität hilft dabei den Grad der Verbindung auf Konsumentenseite zu messen und kann anhand von vier Items operationalisiert werden: Vertrauen, Zufriedenheit, Commitment und Identifikation.[287] Wie auch im weiteren Verlauf dieser Untersuchung deutlich wird, ist die Identifikation mit einer Marke für diese Studie von besonderer Relevanz. Die MI kann als das Ausmaß betrachtet werden, in dem der Konsument sein eigenes Image mit dem der Marke in Übereinstimmung sieht.[288] Dieser Identifikationsvorgang hilft dem Konsumenten dabei sowohl sein Streben nach sozialer Identität zu befriedigen als auch sich selbst über die Marke zu definieren.[289] Als Folge dieses Prozesses zieht diejenige Person daraus einen funktionalen, emotionalen und

[285] Vgl. Mattila/Wirtz (2004), S. 152.
[286] Vgl. Anderson/Narus (1991), S. 96 ff.; Grégoire/Fisher (2006), S. 32.
[287] Vgl. Grégoire/Fisher (2006), S. 32.
[288] Vgl. Bagozzi/Dholakia (2006), S. 49.
[289] Vgl. Ahearne/Bhattacharya/Gruen (2005), S. 574.

sozialen Nutzen.[290] Ob die MI einen positiven oder negativen Einfluss auf das Racheverhalten bzw. das Konsumentenverhalten allgemein hat, ist ein kontroverses Thema und wird im Folgenden detailliert diskutiert.[291]

Eine mögliche Konsequenz einer starken Beziehung zu einer Marke kann durch den *Love Becomes Hate Effect* dargestellt werden. Auf *Brockner/Tyler/Cooper* aufbauend haben Konsumenten bei einer hohen Identifikation mit einer Marke womöglich höhere Erwartung an einen Service, die bei einem entstehenden Fehler stärker enttäuscht werden können.[292] Im Falle einer solchen Situation können sich die Personen, die sich besonders stark mit der Marke identifizieren, durch eine Art Vertrauensbruch in der Beziehung mit dem Unternehmen besonders verraten fühlen. Daraus kann ein höheres Bedürfnis für Rache entstehen.[293] *Grégoire/Fisher* erläutern anhand der Eigenschaft der Kontrollierbarkeit eines Fehlers, dass der o.g. Effekt v. a. dann eintritt, wenn Individuen davon überzeugt sind, dass der Fehler im Verantwortungsbereich des Unternehmens liegt.[294] Allerdings können sie keinen signifikanten Nachweis dafür finden, dass eine hohe Marken-Beziehungs-Qualität die Racheintention fördert.[295]

Die Literatur schlägt neben dem beschriebenen Effekt noch einen gegenteiligen Einfluss bei einer hohen MI vor. Dieser wird für die Wirkungsrichtung der folgenden zwei Hypothesen genutzt und nun genauer dargelegt. Im Falle einer hohen Identifikation mit einer Marke kann es Konsumenten widerstreben einem wertvollen Geschäftspartner, mit dem sie sich psychologisch verbunden fühlen, zu schaden, da sie auf diese Weise auch sich selbst benachteiligen würden.[296] *Swaminathan/Page/Gürhan-Canli* bekräftigen, dass Personen bei hoher Beziehungsqualität zur Marke negative Informationen eher außer Acht lassen.[297] Eine starke Verbindung zwischen dem Selbst und der Marke und eine damit einhergehende positive Einstellung ihr ggü. kann weiterhin zu mehr Toleranz im Fehlerfall und somit zu einer

[290] Vgl. Aaker/Joachimsthaler (2001), S. 48 f.; Hughes/Ahearne (2010), S. 84.
[291] Vgl. Grégoire/Fisher (2006), S. 32.
[292] Vgl. Brockner/Tyler/Cooper (1992), S. 259; Grégoire/Fisher (2006), S. 34.
[293] Vgl. Elangovan/Shapiro (1998), S. 563; Ward/Ostrom (2006), S. 222; Grégoire/Tripp/Legoux (2009), S. 20 f.
[294] Vgl. Grégoire/Fisher (2006), S. 34.
[295] Vgl. Grégoire/Fisher (2006), S. 42.
[296] Vgl. Grégoire/Fisher (2006), S. 34.
[297] Vgl. Swaminathan/Page/Gürhan-Canli (2007), S. 249.

Abwertung negativer Informationen führen.[298] Dies ist darauf zurückzuführen, dass Konsumenten durch die Bindung zu einer Marke eine positive Verzerrung sowohl bei der Aufnahme als auch bei der Interpretation eines Service-Fehlers aufweisen. So verringern sie die Wichtigkeit von Vorkommnissen, die nicht im Einklang mit dem positiven Bild der Marke stehen, schon bei der Informationsaufnahme, was sich dann auch auf die anschließende persönliche Interpretation des Vorfalls auswirkt.[299] Damit haben Konsumenten mit hoher MI bei einem Service-Fehler z.B. ein niedrigeres Bedürfnis nach Rache als diejenigen, die sich kaum mit der Marke identifizieren können. Die eben beschriebene subjektive Veränderung der Wahrnehmung bildet die Grundlage des *Love Is Blind Effect.*[300]Als Konsequenz aus den eben angeführten Erläuterungen kann man vermuten, dass eine hohe Identifikation mit einer Marke als Puffer für einen Service-Fehler dient, sodass das subjektiv empfundene Fehlerausmaß niedriger ausfällt. In Bezug auf beide Formen des NWOM hat das Fehlerausmaß wie in H_3 und H_4 formuliert einen fördernden Einfluss. Da die MI den Schweregrad des Fehlers relativiert, lässt sich daraus ableiten, dass dieser Effekt eine abschwächende Wirkung auf beide Formen des NWOM zur Folge hat. Auf den vorherigen Erläuterungen basierend können nun folgende Interaktionseffekte als Hypothesen aufgestellt werden:

H_7:	Der fördernde Effekt eines zunehmenden Fehlerausmaßes auf das hilfesuchende NWOM wird durch eine hohe MI abgeschwächt.

H_8:	Der fördernde Effekt eines zunehmenden Fehlerausmaßes auf das rachsüchtige NWOM wird durch eine hohe MI abgeschwächt.

Bevor im nächsten Kapitel die empirische Überprüfung der kausalen Zusammenhänge erfolgt, zeigt *Tabelle 2* einen Überblick aller abgeleiteten Hypothesen.

[298] Vgl. Lydon/Zanna (1990), S. 1040 ff.; Fournier (1998), S. 364; Ahluwalia/Burnkrant/Unnava (2000), S. 205.
[299] Vgl. Grégoire/Fisher (2006), S. 33 f.
[300] Vgl. Grégoire/Fisher (2006), S. 33.

Hypothesen zu den direkten Effekten	
H_1	Mit zunehmendem Fehlerausmaß steigt die Absicht der problemlösenden Beschwerde.
H_2	Mit zunehmendem Fehlerausmaß steigt die Absicht der rachsüchtigen Beschwerde.
H_3	Mit zunehmendem Fehlerausmaß steigt die Absicht des hilfesuchenden NWOM.
H_4	Mit zunehmendem Fehlerausmaß steigt die Absicht des rachsüchtigen NWOM.
H_5	Mit zunehmender Reichhaltigkeit eines Beschwerdekanals steigt die Absicht der problemlösenden Beschwerde.
H_6	Mit zunehmender Anonymität im Beschwerdekanal steigt die Absicht der rachsüchtigen Beschwerde.
Hypothesen zu den interagierenden Effekten	
H_7	Der fördernde Effekt eines zunehmenden Fehlerausmaßes auf das hilfesuchende NWOM wird durch eine hohe MI abgeschwächt.
H_8	Der fördernde Effekt eines zunehmenden Fehlerausmaßes auf das rachsüchtige NWOM wird durch eine hohe MI abgeschwächt.

Tabelle 2: Darstellung der Hypothesen des Untersuchungsmodells[301]

[301] Eigene Darstellung.

4 Analyse und Ergebnisse der empirischen Untersuchung

4.1 Angewandte Analysemethode und grundlegende Konzeption der Studie

Zur empirischen Prüfung der Wirkungszusammenhänge im Modell wird ein experimentaler Aufbau gewählt, der anschließend mit Hilfe einer Varianzanalyse untersucht wird. Ein Experiment ist dabei eine Versuchsanordnung, die wiederholbar ist und unter vorher festgelegten kontrollierten Umweltbedingungen stattfindet. Durch die Messung der Wirkungen der unabhängigen auf die abhängige(n) Variable(n) können im Vorfeld entwickelte Hypothesen empirisch überprüft werden.[302] Die grundlegenden Elemente eines Experiments stellen dabei die Testobjekte (Personen), die (un)abhängigen Variablen, Störvariablen und Kontrollvariablen dar.[303] Ein Experiment zielt darauf ab, Werte in verschiedenen Gruppen zu vergleichen und deren Unterschiede zu ermitteln.[304] Bei der Durchführung von Experimenten stellt die Varianzanalyse das wichtigste Instrument dar.[305] Sie geht auf *Sir Ronald Aylmer Fisher* zurück, der sie in der ersten Hälfte des 19. Jahrhunderts entwickelte.[306] Zweck dieser Analysemethode ist die Quantifizierung des Einflusses einer oder mehrerer unabhängiger Variablen auf ebenfalls eine oder mehrere abhängige Variablen.[307] Ein besonderes Alleinstellungsmerkmal der Varianzanalyse zeigt sich dadurch, dass die unabhängigen Variablen lediglich nominalskaliert sein können. Die abhängigen Variablen dagegen müssen ein metrisches Skalenniveau aufweisen.[308] Die Bezeichnung der unabhängigen Variablen lautet Faktoren und deren jeweilige Ausprägungen Faktorstufen.[309] Je nach Anzahl der Faktoren und der abhängigen Variablen unterscheiden sich die Benennungen des jeweiligen Verfahrens.[310] Besonders interessant bei einem mehrfaktoriellen Design, d.h. ab mindestens zwei Faktoren, sind die auftretenden Interaktionseffekte (Wechselwirkungen) zwischen den Faktoren *(s. auch Kapitel 4.8.3, Experiment 2).*[311]

---

302 Vgl. Meffert/Burmann/Kirchgeorg (2012), S. 164.
303 Vgl. Meffert/Burmann/Kirchgeorg (2012), S. 165.
304 Vgl. Brosius/Koschel/Haas (2009), S. 217.
305 Vgl. Eschweiler/Evanschitzky/Woisetschläger (2007), S. 546; Backhaus et al. (2011), S. 158.
306 Vgl. Hartung (2009), S. 609.
307 Vgl. Berekoven/Eckert/Ellenrieder (2009), S. 204.
308 Vgl. Backhaus et al. (2011), S. 158.
309 Vgl. Bortz/Schuster (2011), S. 205 f.; Der Begriff Faktor wird in der Statistik auch häufig als Treatment oder Stimulus bezeichnet.
310 Vgl. Backhaus et al. (2011), S. 159.
311 Vgl. Backhaus et al. (2011), S. 167.

Besteht der Versuchsaufbau aus einer abhängigen Variablen und beliebig vielen unabhängigen Variablen, spricht man von einer univariaten *Analysis of Variance* (ANOVA). Möchte man dagegen parallel den Einfluss auf mehrere abhängige Variablen messen, so kommt es zur multivariaten bzw. mehrdimensionalen Varianzanalyse, auch *Multivariate Analysis of Variance* (MANOVA) genannt.[312] Integriert der Versuchsaufbau zusätzlich noch Störvariablen (Kovariablen), werden die Verfahren dementsprechend *Analysis of Covariance* (ANCOVA) bzw. MANCOVA genannt.[313] Dies ist durchaus sinnvoll, da durch die Integration der zusätzlichen Variablen Unterschiede, die bereits vor Versuchsbeginn vorhanden sind, neutralisiert werden können.[314] In *Tabelle 3* erfolgt ein Überblick über die verschiedenen Formen der Varianzanalyse.

Anzahl der abhängigen Variablen	**Anzahl der unabhängigen Variablen (Faktoren)**	**Benennung des Verfahrens**
1	1	Einfaktorielle Varianzanalyse
1	2	Zweifaktorielle Varianzanalyse
1	3	Dreifaktorielle Varianzanalyse
1	usw.	usw.
>1	>=1	Multivariate/ mehrdimensionale Varianzanalyse

Tabelle 3: Verschiedene Formen der Varianzanalyse[315]

Die Varianzanalyse ist Bestandteil der Gruppe strukturprüfender Verfahren.[316] Das bedeutet, dass bereits vor Untersuchungsbeginn kausale Zusammenhänge und deren Wirkungsrichtung hergeleitet werden müssen.[317] Das a priori aufgestellte Untersuchungsmodell wird in diesem

312 Vgl. Backhaus et al. (2011), S. 176.
313 Vgl. Herrmann/Landwehr (2008), S. 581.
314 Vgl. Eschweiler/Evanschitzky/Woisetschläger (2007), S. 547; Hair et al. (2010), S. 456.
315 Eigene Darstellung in Anlehnung an Backhaus et al. (2011), S. 159.
316 Vgl. Herrmann/Landwehr (2008), S. 581.
317 Vgl. Eschweiler/Evanschitzky/Woisetschläger (2007), S. 547; Backhaus et al. (2011), S. 14.

Fall auf Gültigkeit geprüft.[318] Auf mathematischer Ebene vergleicht die Varianzanalyse die Unterschiede der Mittelwerte (MW) zwischen verschiedenen vorher definierten Gruppen bzw. Kategorien.[319] Diese Gruppen charakterisieren sich entweder auf Basis bestehender Merkmale der untersuchten Objekte oder können durch den Forscher extern manipuliert werden.[320]

Konkret auf diese Studie bezogen eignet sich die Varianzanalyse besonders gut zur Überprüfung der aufgestellten Hypothesen. Die zentrale Frage, ob sich Konsumenten in Abhängigkeit des Fehlerausmaßes in Verbindung mit einem bereitgestellten Beschwerdekanal verschiedenartig beschweren, kann somit näher beleuchtet werden. Anhand der Vergleiche zwischen den unterschiedlich zusammengestellten Gruppen können Rückschlüsse auf die Auswirkungen der Faktoren gezogen werden. Der Beschwerdekanal ist darüber hinaus nicht metrisch, sondern nominal skaliert, sodass hier einer der Vorteile der Varianzanalyse zur Geltung kommt.

Die befragten Personen werden im Experiment häufig anhand eines szenariobasierten Ansatzes unterschiedlichen Gruppen zugeordnet. Ein Szenario enthält dabei immer eine bestimmte Kombination der unterschiedlich manipulierten Faktorausprägungen. Die Verwendung solcher entwickelter Szenarien findet sich in der Praxis neben der *Critical Incident*-Technik häufig im Service-Bereich wieder.[321] Ein wichtiger Vorteil des szenariobasierten Ansatzes ist die Tatsache, dass die wichtigsten Variablen des Experiments exakt betrachtet bzw. genau kontrolliert werden können und hohe Kosten durch anderweitige Manipulationen entfallen. Darüber hinaus lassen sich laut *Weiner* mit dieser Methode Theorien am geeignetsten testen.[322]

Um den Service-Fehler in der Untersuchung für die Befragten erfahrbar zu machen, wird die fehlerhafte Lieferung einer Tageszeitung gewählt. Diese stellt ein etabliertes Medium dar, das in vielen Haushalten abonniert wird (2. Quartal 2012: 21,50 Mio. pro Tag).[323] Somit kann von einer hohen Realitätsnähe ausgegangen werden. Die a priori Manipulation der verschiedenen

---

318 Vgl. Herrmann/Landwehr (2008), S. 581.
319 Vgl. Herrmann/Landwehr (2008), S. 582.
320 Vgl. Herrmann/Landwehr (2008), S. 581.
321 Vgl. Blodgett/Hill (1997), S. 192; DeWitt/Nguyen/Marshall (2008), S. 172; Homburg/Koschate/Hoyer (2005), S. 87; Die Critical-Incident-Technik befragt Kunden dabei nach besonders positiven oder negativen Erfahrungen, die sie mit dem Unternehmen und einer Konsumerfahrung gemacht haben.
322 Vgl. Weiner (2000), S. 387.
323 Vgl. IVW (2012).

Szenarien erfolgt direkt über die Variation des Ausmaßes des Service-Fehlers (Zeitung wird einmal nicht geliefert vs. Zeitung wird drei Mal nicht geliefert) und über die Bereitstellung eines zu nutzenden Beschwerdekanals (persönliches Gespräch vs. Telefon vs. E-Mail). Die Auswahl dieser drei Beschwerdekanäle wurde u.a. auf Basis eines durchgeführten Pretests getroffen, der in *Kapitel 4.2* genauer beschrieben wird. Um darüber hinaus den Grad sowie den Einfluss der MI auf das Beschwerdeverhalten messen zu können, integriert der Versuchsaufbau die *Frankfurter Allgemeine Zeitung* als konkretes Beispiel einer Marke. Diese Entscheidung fiel ebenfalls aufgrund des Pretests. Der Grad der MI wird dabei innerhalb des Fragebogens in metrischer Form erhoben, aber erst a posteriori im Untersuchungsmodell berücksichtigt. Dazu werden Gruppen mit geringer und hoher MI gebildet und diese anschließend als Faktoren in der Varianzanalyse verwendet *(s. Kapitel 4.8.3)*.

Die Versuchsanordnung folgt einem *Between Subject*-Design (Zwischengruppendesign), sodass die unterschiedlichen Ausprägungen der Faktoren zwischen den Versuchspersonen realisiert werden. Dies steht im Gegensatz zum *Within Subject*-Design, auch Innergruppendesign genannt, bei dem verschiedene Faktorstufen innerhalb der gleichen Personengruppe angewendet werden und abhängige Messungen entstehen. Da die Probanden bei dieser Form der Messung mit Wiederholungen konfrontiert sind, kann es so zu Änderungen im Antwortverhalten durch bspw. Lerneffekte kommen.[324] Dies begründet die Entscheidung für das erstgenannte Zwischengruppendesign. Aus der Kombination der Ausprägungen der Faktorstufen miteinander ergeben sich sechs verschiedene Fragebögen bzw. Szenarien, zu denen die Probanden randomisiert, also per Zufall,[325] zugeordnet, werden (*s. Tabelle 4)*. Daraus resultiert ein *vollständig randomisiertes faktorielles 2x3-Basis-Design* in der Hauptuntersuchung.[326] Abschließend bleibt festzuhalten, dass die Erstellung des Fragebogens anhand der Sawtooth-Software SSI Web erfolgt ist und die empirische Auswertung mit Hilfe des Software-Pakets SPSS durchgeführt wurde.[327] *Tabelle 4* zeigt einen Überblick der unterschiedlich modellierten Szenarien innerhalb des Versuchsaufbaus.

---

[324] Vgl. Grunwald/Hempelmann (2012), S. 53. In Abhängigkeit des gewählten Untersuchungsdesigns kann es u.U. zu unterschiedlichen Ergebnissen kommen. Als Beispiel s. Erlebacher (1977), S. 212 ff.
[325] Vgl. Bortz/Schuster (2011), S. 206.
[326] Vgl. Sarris/Reiß (2005), S. 66; Hartung (2009), S. 610 f.
[327] Für eine tiefergehende Einführung in die Datenanalyse mit SPSS s. auch Bühl (2010).

Szenario	Ausmaß des Fehlers	Beschwerdekanal
1	Niedrig (einmal)	Persönlich
2	Niedrig (einmal)	Telefonisch
3	Niedrig (einmal)	Per E-Mail
4	Hoch (dreimal)	Persönlich
5	Hoch (dreimal)	Telefonisch
6	Hoch (dreimal)	Per E-Mail

Tabelle 4: Gestaltung der Szenarien im Rahmen der Studienkonzeption[328]

4.2 Set-up und Auswertung des Pretests

Im Rahmen der Studie wurde bereits vor dem Einsatz des Hauptfragebogens ein Pretest durchgeführt, um die Szenarien und relevanten Komponenten innerhalb des Modells zu identifizieren und hergeleitete Konstrukte bereits erstmalig auf ihre Verwendung hin zu prüfen. Konkret sollte v.a. die Wahrnehmung der unterschiedlichen Faktorstufen evaluiert werden.[329] Ein Pretest ist in den Augen vieler Forscher von großer Wichtigkeit. Er dient dabei als erste Annäherung an die Hauptuntersuchung und soll Aufschluss darüber geben, ob sich der Fragebogen für die folgende empirische Studie eignet.[330]

Der Umfang der Stichprobe für den Pretest betrug n=30. Die erhaltenen Ergebnisse rechtfertigten den Einsatz des im Pretest verwendeten Szenarios auch für die empirische Hauptuntersuchung. So stuften die Probanden das präsentierte Szenario in Bezug auf die Übertragbarkeit in die Realität im Durchschnitt mit vier Punkten auf einer 7er-Likert-Skala ein. Somit konnte dieses auch in der Hauptuntersuchung verwendet werden. Um das relevante Fehlerausmaß genauer bestimmen zu können, bewerteten die Teilnehmer drei Alternativen eines Service-Fehlers: Die Zeitung konnte im Pretest eine Stunde zu spät geliefert werden, sie konnte zerrissen im Briefkasten des Lesers vorgefunden werden oder die Zeitung kam an dem besagten Tag überhaupt nicht beim Probanden an. Anhand von jeweils drei gegensätzlichen Items (leicht vs. schwerwiegend, unwesentlich vs. wesentlich, unbedeutend vs. bedeutend) evaluierten die Befragten anschließend den Schweregrad des Fehlers in den oben beschriebenen Situationen. Die Resultate zeigten, dass die zu spät gelieferte Zeitung mit einem MW von 3,56 und die zerrissene Zeitung (MW: 3,53) nahezu auf einem Niveau als schwerwiegend

[328] Eigene Darstellung.
[329] Vgl. Eschweiler/Evanschitzky/Woisetschläger (2007), S. 547.
[330] Vgl. Hunt/Sparkman/Wilcox (1982), S. 269.

wahrgenommen wurden. Mit deutlichem Unterschied bewerteten die Probanden die nicht gelieferte Zeitung (MW: 5,38), sodass hier eine klare Abstufung im Ausmaß des Fehlers herrschte. Im nächsten Schritt lag der Fokus auf der freien Abfrage der Fehlerhäufigkeit. Die Zeitung durfte im Mittel 4,50 Mal zu spät geliefert werden bis das Problem als schwerwiegend klassifiziert wurde; bei der zerrissenen Zeitung lediglich 4,3 sowie bei der nicht zugestellten Zeitung 2,38 Mal. Eine weitere Frage bezog sich auf das Auftreten eines Fehlers unmittelbar hintereinander. So wurde ersichtlich, dass konsekutive Service-Fehler wesentlich schwerwiegender wahrgenommen werden als nicht aufeinander folgende.

Um einen ersten Eindruck von möglichen Kanalpräferenzen der Probanden im Beschwerdefall zu erhalten, beinhaltete der Pretest eine freie Abfrage zur Kanalwahl. Diese bezog sich auf die unternehmensbezogene Beschwerde und die Beschwerde ggü. anderen. Hierbei wählten die Befragten die typischen Kanäle wie die persönliche Ansprache, das Telefon, E-Mail oder auch Facebook. Für eine Beschwerde, dem Anbieter entgegen gerichtet, nutzte ein Großteil der Probanden (28 Personen) das Telefon. Zweithäufigste Antwort war die E-Mail (18). Um sich bei Freunden Luft zu verschaffen und den erfahrenen Ärger loszuwerden, wählten die Teilnehmer häufig das Telefon (17), das persönliche Gespräch (14) oder auch Facebook (10). Die Ergebnisse des Pretests werden dadurch gestützt, dass ein Großteil der Beschwerden heutzutage immer noch per Telefon abgegeben wird.[331] Die Berücksichtigung der E-Mail ist darüber hinaus von Relevanz, da sich die die Internetnutzungsdauer von Konsumenten in den letzten zwölf Jahren verdreifacht hat und die Online-Beschwerde als effizient und bequem in Bezug auf die Beschwerdebearbeitung für Konsumenten und Unternehmen gilt.[332] Somit wurden letztendlich die persönliche, die telefonische sowie die Beschwerde per E-Mail als Beschwerdekanäle in die Hauptuntersuchung übernommen. Zum Abschluss des Pretests gaben die Probanden noch Einschätzungen über ihren Identifikationsgrad zu Marken der auflagenstärksten Tageszeitungen in Deutschland ab. Unter den Blättern *Frankfurter Allgemeine Zeitung, Süddeutsche Zeitung, Financial Times Deutschland, Die Welt, Handelsblatt, Bild* und die jeweilige *regionale Zeitung* setzte sich die *Frankfurter Allgemeine Zeitung* mit höchstem absoluten Identifikationsgrad (MW: 4, Varianz 3,10; Standardabweichung ±1,76) durch.[333] Auf Basis der im Pretest gewonnenen Erkenntnisse

[331] Vgl. Holloway/Beatty (2003), S. 100; Zaugg (2007), S. 22.
[332] Vgl. Stauss/Seidel (2002), S. 108.
[333] Im Folgenden wird die Standardabweichung fortlaufend mit ± bezeichnet.

erfolgte die endgültige Konzeption des Fragebogens, dessen Ergebnisse die Basis dieser empirischen Studie bilden.

4.3 Hauptuntersuchung

Zur Erhebung empirischer Daten stehen mehrere Methoden zur Auswahl. So gibt es allgemein die Möglichkeit der mündlichen, der telefonischen, der schriftlichen und der Online-Befragung.[334] Die Erhebung der Umfragedaten zur Auswertung des aufgestellten Untersuchungsmodells erfolgte Online über die Homepage des Lehrstuhls Marketing I von Prof. Dr. Frank Huber an der Johannes Gutenberg-Universität in Mainz. Die Entscheidung für eine Online-Erhebung (vs. persönliche oder telefonische Befragung) fiel aufgrund des geringeren Zeit- und Aufwandsaspektes.[335] Über eine Internetadresse wurden die Befragten zu einem der sechs erstellten Fragebögen weitergeleitet. Die Befragung erstreckte sich über den Zeitraum vom 01.08.2012 bis zum 09.08.2012.

Der Fragebogen begann mit einer kurzen Begrüßung und einer einleitenden Beschreibung des Untersuchungsgegenstandes der Studie. Die Probanden wurden darauf aufmerksam gemacht, dass lediglich ihrer subjektive Einschätzung zählt und die Daten ausschließlich zu Forschungszwecken genutzt werden. Im Anschluss lasen die Teilnehmer das jeweilige Szenario, das sich, in Anlehnung an die Manipulationen der einzelnen Faktoren, unterschiedlich gestaltete.

Darauffolgend beantworteten die Teilnehmer die Fragen zu dem Szenario oder bewerteten Aussagen in diesem Zusammenhang. Die relevanten Inhalte bezogen sich dabei auf die *problemlösende* und *rachsüchtige Beschwerde,* sowie *das hilfesuchende* und *rachsüchtige NWOM*, das *Ausmaß des Fehlers*, die aus dem Fehler resultierende *Wut*, die *Realitätsnähe* des Szenarios, die *Verantwortung* in Bezug auf den aufgetretenen Fehler und die *Kanalwahl in Abhängigkeit der Beschwerdeintention.* Zusätzlich enthielt der Fragebogen noch das Konstrukt der *MI*, das als Moderator fungiert. Zur Quantifizierung der Aussagen der Studienteilnehmer beinhaltete der Fragebogen konsequent eine 7-stufige Likert-Skala, die mit den Extrempunkten *stimme überhaupt nicht zu (1)* und *stimme vollkommen zu (7)* versehen wurde. Abschließend wurden typische demographische Daten, die zur Beschreibung der Stichprobe

334 Vgl. Berekoven/Eckert/Ellenrieder (2009), S. 88.
335 Vgl. Möhring/Schlütz (2010), S.132 f.

dienen, abgefragt. Als Anreiz für eine hohe Beteiligung an der Umfrage konnten die Teilnehmer ihre E-Mail-Adresse hinterlassen und hatten so die Möglichkeit, je einen Gutschein im Wert von 25 Euro für die Restaurant-Kette Vapiano oder für den Online-Shop Amazon zu gewinnen.

Insgesamt nahmen an der Umfrage 691 Personen teil. Dabei füllten 506 Personen den gesamten Fragebogen aus und wurden somit als gültige Teilnehmer in der Untersuchung berücksichtigt. Es ergab sich eine Abbruchquote von 26,91 %, die für eine Online-Umfrage als gut angesehen werden kann und auf einen angemessen Fragenumfang und hohe inhaltliche Relevanz zurückgeführt wird. In der Regel werden Teilnehmer, die eine sehr kurze Bearbeitungsdauer aufweisen aus der Untersuchung eliminiert. Bei diesen Probanden kann angenommen werden, dass keine ernst gemeinte Absicht und damit nur ein geringes Maß an Involvement zur Beantwortung der Fragen vorlag. In dieser Umfrage lag die kürzeste Bearbeitungszeit des Fragebogens bei 156 Sekunden. Da es möglich ist, den Fragebogen innerhalb dieser Zeitspanne gewissenhaft zu beantworten, musste hier keiner der Datensätze aus der Auswertung ausgeschlossen werden.

Um nun einen Überblick über die Zusammensetzung der verwendeten Stichprobe zu erhalten, ist es notwendig die soziodemographischen Daten zu erläutern. Die für die Untersuchung zur Verfügung stehenden Daten setzen sich prozentual aus 40,9 % männlichen Teilnehmern und 59,1 % weiblichen Probanden zusammen. Die Altersverteilung fokussiert sich dabei auf die Gruppe 20 bis 30 Jahre. So sind 4,9 % aller Teilnehmer unter 20 Jahre alt. Die Altersgruppe zwischen 20 und 25 stellt die größte Klasse mit 47,6 % dar. Die zweithäufigste Altersgruppe besteht aus den 26 bis 30 Jahre alten Probanden, die 36,4 % der gesamten Stichprobe ausmachen. Anschließend folgen die 31 bis 40-Jährigen mit lediglich 8,3 %, die Kategorie 41-50 Jahre mit 1,2 % sowie das Cluster 51-60 Jahre mit 1,4 %. Eine Person gibt an älter als 60 Jahre alt zu sein (0,2 %).

Soziodemografika	Ausprägung	Abs. Häufigkeit	Rel. Häufigkeit
Geschlecht	Männlich	207	40,9 %
	Weiblich	299	59,1 %
Alter	<20 Jahre	25	4, 9 %
	20-25 Jahre	241	47,6 %
	26-30 Jahre	184	36,4 %
	31-40 Jahre	42	8,3 %
	41-50 Jahre	6	1,2 %
	51-60 Jahre	7	1,4 %
	>60 Jahre	1	0,2 %
Beruf	Schüler/in	11	2,2 %
	Student/in	279	55,1 %
	Angestellte/r	162	32,0 %
	Selbstständige/r	13	2,6 %
	Hausfrau/mann	2	0,4 %
	Rentner/in	1	0,2 %
	Arbeitssuchende/r	10	2,0 %
	Sonstige	28	5,5 %
Abschluss	Promotion	5	1,0 %
	Master/Diplom	137	27,1 %
	Bachelor	88	17,4 %
	Allg. Hochschulreife	208	41,1 %
	Fachabitur	31	6,1 %
	Mittlere Reife	30	5,9 %
	Hauptschulabschluss	6	1,2 %
	Kein Abschluss	1	0,2 %
Einkommen	<500 Euro	115	22,7 %
	501-1000 Euro	167	33,0 %
	1001-1500 Euro	70	13,8 %
	1501-2000 Euro	46	9,1 %
	2001-2500 Euro	41	8,1 %
	2501-3000 Euro	7	1,4 %
	>3000 Euro	18	3,6 %
	Keine Angabe	42	8,3 %
Stichprobengröße: n=506			

Tabelle 5: Soziodemographische Merkmale der Stichprobe[336]

[336] Eigene Darstellung.

In Bezug auf die Beschäftigung stellt sich heraus, dass die Stichprobe als Studentensample bezeichnet werden kann. Lediglich 2,2 % der Befragten sind Schüler. Die am stärksten vertretene Gruppe ist klar die der Studenten mit 55,1 %, gefolgt von der Klasse der Angestellten mit 32,0 %. Des Weiteren sind 2,6 % selbständig, 0,4 % Hausfrauen oder -männer und 0,2 % Rentner/innen. 2,0 % bezeichnen sich selbst als arbeitssuchend und 5,5 % geben an, einer sonstigen Beschäftigung nachzugehen.

Der höchste bisher erreichte Abschluss stellt bei 1,0 % der Teilnehmer die Promotion dar. 27,1 % der Personen besitzen einen Master oder Diplomabschluss und 17,4 % den Grad des Bachelor. Darüber hinaus verfügen 41,1 % aller Befragten über einen allgemeinen Hochschulabschluss (Abitur). Der Abschluss des Fachabiturs kann bei weiteren 6,1 % konstatiert werden sowie die mittlere Reife bei 5,9 %. 1,2 % der Stichprobe geben an als höchsten Bildungsgrad den Hauptschulabschluss zu besitzen. Lediglich ein Teilnehmer (0,2 %) hat laut Daten keinen Bildungsabschluss.

Das monatlich zur Verfügung stehende Einkommen teilt sich wie folgt auf die Probanden auf: Knapp ein Viertel, also 22,7 % des Samples, geben an weniger als 500 Euro im Monat zur Verwendung zu haben; ein Drittel (33,0 %) zwischen 501-1000 Euro. Auf die weiteren Gruppen bis 2500 Euro verteilt sich das Einkommen relativ gleichmäßig: 13,8 % stehen 1001-1500 Euro zur Verfügung, 9,1 % 1501-2000 Euro und 8,1 % 2001-2500 Euro. Lediglich 1,4 % sind in der Lage zwischen 2501-3000 Euro pro Monat auszugeben und 3,6 % mehr als 3000 Euro. Insgesamt geben 8,3 % an, dass sie keine Angabe zu ihrem Gehalt machen möchten. *Tabelle 5* beinhaltet eine Übersicht der soziodemographischen Merkmale der Stichprobe.

4.4 Allgemeine Informationen zur Operationalisierung und Reliabilität

Die Konstrukte, die auf theoretischer Basis in kausale Zusammenhänge zueinander gesetzt werden, sind meist nicht direkt erfassbar. D.h., es handelt sich um sog. latente Variablen, die als nicht direkt quantifizierbare Größen verstanden werden können. Mittels messbarer Indikatoren können diese dennoch auf einer empirischen Ebene greifbar gemacht werden.[337] Dabei gibt es allgemein zwei Arten von Beziehungen zwischen Indikatoren und Konstrukten. Zum

[337] Vgl. Homburg/Giering (1996), S. 6.

einen existiert die reflektive Operationalisierung, bei der der Effekt von der latenten Variablen ausgeht und auf die Indikatoren (beobachtete Variable) wirkt. Dies bedeutet, dass eine Veränderung der erstgenannten eine Wandlung des Indikators mit sich bringt.[338] Die formative Operationalisierung unterstellt hingegen eine umgekehrte Beziehung zwischen diesen beiden Elementen, sodass die Indikatoren eine Wirkung auf das zu erfassende Konstrukt ausüben.[339] Sie wird dann genutzt, wenn sich die Zielvariable aus verschiedenen Komponenten zusammensetzt.[340] Besonders wichtig ist die Art der Operationalisierung in Bezug auf die Eliminierung einzelner Items in der anschließenden Auswertung. Da sich ein formatives Konstrukt aus mehreren Indikatoren zusammensetzt, muss dieses alle Items enthalten. Somit sind die einzelnen Fragen zur Operationalisierung nicht austauschbar und können nicht eliminiert werden, um die Reliabilität zu erhöhen.[341] Bei der reflektiven Operationalisierung ist eine Eliminierung aufgrund der umgekehrten Wirkungsrichtung möglich. Da alle im Fragebogen verwendeten Items reflektiv operationalisiert sind, entsteht bei der Eliminierung einzelner Items keine Verzerrung.

Die zur Messung verwendeten Konstrukte müssen vor der empirischen Auswertung auf ihre interne *Reliabilität* (Zuverlässigkeit) geprüft werden, um deren Einsatz auch zu rechtfertigen.[342] Darüber hinaus sollte auch ein gewisses Maß an externer *Validität* (Gültigkeit) gegeben sein. Dies sorgt dafür, dass die in der Studie beobachteten Ergebnisse generalisierbar sind und die kausalen Zusammenhänge auf andere Versuchsaufbauten übertragbar sind.[343] Die erstgenannte Prüfung der Reliabilität bezieht sich dabei auf die Wiederholbarkeit der Ergebnisse, die sich aus einer Messung ergeben.[344] Innerhalb dieser Untersuchung wird für die Reliabiliätsmessung der Konstrukte das Cronbach-Alpha verwendet. Eine Schwäche des Cronbach-Alpha-Koeffizienten ist dabei die Tatsache, dass seine Höhe positiv mit der Anzahl der Indikatoren korreliert.[345] Dennoch stellt es ein in der Literatur sehr häufig genutztes Reliabilitätsmaß dar und misst die interne Konsistenz einer Skala.[346] Es existieren verschiedene Werte, die als akzeptabel bzw. wünschenswert für diese Prüfgröße gelten. So sollte der

338 Vgl. Fornell/Bookstein (1982), S. 441; Edwards/Bagozzi (2000), S. 155.
339 Vgl. Homburg/Giering (1996), S. 6; Edwards/Bagozzi (2000), S. 156.
340 Vgl. Edwards/Bagozzi (2000), S. 156.
341 Vgl. Rossiter (2002), S. 315.
342 Vgl. Homburg/Giering (1996), S. 6.
343 Vgl. Calder/Phillips/Tybout (1982), S. 240.
344 Vgl. Brosius/Koschel/Haas (2009), S. 63.
345 Vgl. Homburg/Giering (1996), S. 8.
346 Vgl. Peterson (1994), S.382; Cortina (1998), S. 98.

Cronbach-Alpha-Koeffizient auf keinen Fall den Wert 0,6 unterschreiten.[347] Wünschenswert ist ein Cronbach-Alpha von 0,7.[348] Im Idealfall übersteigt es den Wert von 0,8.[349] Ist das Ergebnis der Berechnung kleiner als der geforderte Mindestwert, müssen Anpassungen vorgenommen werden, um die Reliabilität zu erhöhen. Dies kann durch die Eliminierung einzelner Items erfolgen. Dazu gibt bspw. das Statistikprogramm SPSS das Cronbach-Alpha, das sich bei Nicht-Berücksichtigung des jeweiligen Items ergibt, aus.

Das zweite Gütekriterium zur Beurteilung der Reliabilität einer Skala ist die *korrigierte Item-Skala-Korrelation*, auch *Item-to-Total-Wert* oder *Trennschärfekoeffizient* genannt.[350] Dieses Reliabilitätsmaß ist definiert als „die Korrelation eines Indikators mit der Summe aller übrigen Indikatoren, die demselben Faktor zugeordnet sind".[351] Es sollte einen Mindestwert von 0,3 erfüllen, um auch als reliabel zu gelten.[352] Bereits jetzt kann festgehalten werden, dass alle in der Untersuchung verwendeten Konstrukte den geforderten Wert der korrigierten Item-Skala-Korrelation erfüllen.

4.5 Operationalisierung der abhängigen Variablen

4.5.1 Operationalisierung der problemlösenden Beschwerde

Die problemlösende Beschwerde stellt einen Teil der unternehmensbezogenen Beschwerde innerhalb dieses Forschungsvorhabens dar. Die übernommene Skala stammt ursprünglich von *Rusbult/Zembrodt/Lawanna* ab. Diese nutzen die verwendeten Items im Kontext von möglichen Antworten auf Unzufriedenheit in romantischen Beziehungen.[353] Weitere Autoren, die sich der Operationalisierung dieser Beschwerdeform bedienen sind *Ping Jr.*, *Hibbard/Kumar/Stern*, *Grégoire/Fisher* und *Gelbrich*.[354] Die Intention hinter diesem Konstrukt zeigt den Wunsch, im Fehlerfall mit dem Unternehmen gemeinsam eine Lösung zu finden und den Anbieter in einer positiven Art und Weise auf ein Problem aufmerksam zu machen.[355] Diese Form der Beschwerde kann auch als *Constructive Discussion* bezeichnet

[347] Vgl. Nunnally (1978), S. 230; Flynn/Schroeder/Sakakibara (1994), S. 352.
[348] Vgl. Nunnally (1978), S. 245.
[349] Vgl. Raithel (2008), S. 116; Schnell/Hill/Esser (2008), S. 153.
[350] Vgl. Jansen/Laatz (2007), S. 598.
[351] Homburg/Giering (1996), S. 22.
[352] Vgl. Raithel (2008), S. 116.
[353] Vgl. Rusbult/Zembrodt/Lawanna (1982), S. 1231.
[354] Vgl. Ping Jr. (1993), S. 348 f.; Hibbard/Kumar/Stern (2001), S. 58; Grégoire/Fisher (2008), S. 259; Gelbrich (2010), S. 582.
[355] Vgl. Ping Jr. (1993), S. 330.

werden.[356] Zur Abbildung dieser abhängigen Variablen werden konkret die Items von *Gelbrich* übernommen. Sie untersucht mit zwei Studien im Hotelsektor auftretende Service-Fehler und daraus resultierende Kundenantworten sowie deren Bewältigungsstrategien. Dabei liegt der Fokus auf den empfunden Emotionen, der Schuldzuweisung und der firmenseitigen Erklärung zum Fehler.[357] In ihren beiden Studien weisen die Konstrukte sehr hohe Reliabilitäten mit einem Cronbach-Alpha von 0,94 und 0,95 auf.[358] Die Extrempunkte der Skala werden durch die beiden Aussagen *strongly disagree* und *strongly agree* abgebildet. Die 7-stufige Likert-Skala von *Gelbrich* wird übernommen und das Konstrukt, wie in *Tabelle 6* gezeigt, operationalisiert.

Item	Quelle/Autor
1. Ich würde mich bei dem Zeitungsverleger beschweren, um das Problem konstruktiv zu diskutieren.	*Rusbult/ Zembrodt/ Lawanna, Ping Jr., Hibbard/Kumar/ Stern, Gré-goire/Fisher, Gelbrich*
2. Ich würde mich bei dem Zeitungsverleger beschweren, um eine akzeptable Lösung für beide Parteien zu finden.	
3. Ich würde mich bei dem Zeitungsverleger beschweren, um mit den zuständigen Personen zu arbeiten und das Problem zu lösen.	

Tabelle 6: Operationalisierung der problemlösenden Beschwerde[359]

Die Reliabilität der operationalisierten problemlösenden Beschwerde mit drei Items stellt sich bei der Berechnung als problematisch heraus. Mit einem Wert von 0,59 wird, im Rahmen der hier vorliegenden Untersuchung, der geforderte Minimalwert von 0,6 unterschritten. Auch durch die Eliminierung einzelner Items kann keine Verbesserung der Reliabilität erzielt werden. Daher wird für die Auswertung auf ein Single-Item zurückgegriffen. Die Entscheidung fällt dabei für das Item mit der höchsten Faktorladung in der Quellstudie („I would complain to the hotel to find an acceptable solution for both parties“).[360] Da die Aussage sehr konkret ist und davon ausgegangen werden kann, dass sie von einer Vielzahl an Probanden gleich wahrgenommen werden wird, ist die Nutzung des Single-Items nach Rossiter bzw.

[356] Vgl. Hibbard/Kumar/Stern (2001), S. 58.
[357] Vgl. Gelbrich (2010), S. 572.
[358] Vgl. Gelbrich (2010), S. 582.
[359] Eigene Darstellung in Anlehnung an Gelbrich (2010), S. 582.
[360] Gelbrich (2010), S. 582.

Fuchs/Diamantopulus gerechtfertigt.[361] Die beiden eliminierten Items finden keine weitere Verwendung in der empirischen Auswertung.

4.5.2 Operationalisierung der rachsüchtigen Beschwerde

Als Messmodell für das Konstrukt der rachsüchtigen Beschwerde nutzt der Fragebogen drei Items, die auf *Hibbard* zurückgehen und ebenfalls von *Grégoire/Fisher* und *Gelbrich* verwendet werden.[362] Konkret werden die Items von *Gelbrich* übernommen. Beispielhaft lautet eines davon: „*I would complain to the hotel to give the representative(s) a hard time*".[363] Auch hier nutzt sie eine 7-stufige Likert-Skala mit den in *Kapitel 4.5.1* genannten Endpunkten, die auch hier zur Bewertung herangezogen wird. Die Cronbach-Alpha-Werte sind in der Studie von *Gelbrich* mit 0,92 und 0,95 wiederum sehr hoch.[364] Die abhängige Variable der rachsüchtigen Beschwerde erfüllt auch in diesem Versuchsaufbau die Anforderungen der Reliabilität mit einem Cronbachs-Alpha von 0,84, sodass hier keine Anpassungen vorgenommen werden müssen. In *Tabelle 7* sind die Items zur Operationalisierung abgebildet.

Item	Quelle/Autor
1. Ich würde mich bei dem Zeitungsverleger beschweren, um den Verantwortlichen das Leben schwer zu machen.	*Hibbard/Kumar/ Stern, Grégoire/Fisher, Gelbrich*
2. Ich würde mich bei dem Zeitungsverleger beschweren, um unfreundlich zu den Verantwortlichen zu sein.	
3. Ich würde mich bei dem Zeitungsverleger beschweren, um jemanden für den schlechten Service bezahlen zu lassen.	

Tabelle 7: Operationalisierung der rachsüchtigen Beschwerde[365]

4.5.3 Operationalisierung des hilfesuchenden NWOM

Ein weiteres Konstrukt mit zwei verschiedenen Facetten stellt im entwickelten Untersuchungsmodell das NWOM dar. Eine Ausprägung davon ist das hilfesuchende NWOM. Basierend auf der Studie von *Duhacheck,* der mit zwei Faktoranalysen verschiedenen Bewältigungs-Items einer stressinduzierenden Konsumsituation analysiert, versuchen Konsumenten

[361] Vgl. Rossiter (2002), S. 313; Fuchs/Diamantopulus (2009), S. 203.
[362] Vgl. Hibbard/Kumar/Stern (2001), S. 58; Grégoire/Fisher (2008), S. 259; Gelbrich (2010), S. 582.
[363] Gelbrich (2010), S. 582.
[364] Vgl. Gelbrich (2010), S. 582.
[365] Eigene Darstellung in Anlehnung an Gelbrich (2010), S. 582.

mit dieser Verhaltensweise eine emotionale Unterstützung zu erlangen.[366] *Gelbrich* modifiziert *Duchacheks* Items, sodass sich z.B. folgende zu bewertende Aussage ergibt: *„I would talk to other people about my negative experience to reduce my negative feelings"*.[367] Sie komplettiert damit innerhalb ihrer Studie die Verhaltensweise des *Support Seeking Coping*. *Gelbrich* nutzt hierzu vier Items. Aufgrund der Tatsache, dass eines der Items eine geringe Faktorladung (in einer Studie kleiner 0,9) aufweist,[368] wird dieses Item eliminiert. Damit kann darüber hinaus eine gewisse Konsistenz in Bezug auf die Item-Batterien der abhängigen Variablen gewahrt werden, sodass alle vier abhängigen Variablen jeweils mit drei Aussagen operationalisiert werden. Auch das Konstrukt des hilfesuchenden NWOM überschreitet die geforderte Grenze des Cronbach-Alpha mit 0,83, womit es als reliabel bezeichnet werden kann. Die verwendeten Aussagen, die die Probanden im Fragebogen bewerten, sind in *Tabelle 8* dargestellt.

Item	**Quelle/Autor**
1. Ich würde mit anderen Leuten über meine negativen Erfahrungen sprechen, um meine negativen Gefühle zu verringern.	
2. Ich würde mit anderen Leuten über meine negativen Erfahrungen sprechen, um mich besser zu fühlen.	*Duhacheck, Gelbrich*
3. Ich würde mit anderen Leuten über meine negativen Erfahrungen sprechen, um meine Gefühle mit anderen zu teilen.	

Tabelle 8: Operationalisierung des hilfesuchenden NWOM[369]

4.5.4 Operationalisierung des rachsüchtigen NWOM

Neben dem hilfesuchenden NWOM haben Konsumenten ebenfalls die Möglichkeit sich durch rachsüchtiges NWOM zu einem aufgetretenen Problem zu äußern. Diese Beschwerdeform ist darauf ausgerichtet dem Image des Unternehmens zu schaden, indem man anderen negative Erfahrungen mitteilt.[370] Das Konstrukt wird allgemein sehr häufig in der Literatur verwendet. So machen bspw. *Grégoire/Fisher*, *Grégoire/Tripp/Legoux* oder *Gelbrich* im Rahmen ihrer Untersuchungen davon Gebrauch.[371] Die hier vorliegende Studie übernimmt drei Items zur

[366] Vgl. Duhacheck (2005), S. 45.
[367] Gelbrich (2010), S. 582.
[368] Vgl. Gelbrich (2010), S. 582.
[369] Eigene Darstellung in Anlehnung an Gelbrich (2010), S. 582.
[370] Vgl. Grégoire/Fisher (2008), S. 249.
[371] Vgl. Grégoire/Fisher (2006), S. 45; Grégoire/Tripp/Legoux (2009), S. 30.

Operationalisierung von *Gelbrich*. Eine der Aussagen, die die Probanden auf einer Skala von „stimme überhaupt nicht zu" bis „stimme voll und ganz zu", evaluieren müssen, lautet: „*I would talk to other people about my negative experiences to spread negative word of mouth about the hostel*".[372] Die Qualität der Güte in der Ursprungsstudie ist hier erneut hervorragend mit 0,91 bzw. 0,93 als Wert für das Cronbach-Alpha.[373] Das rachsüchtige NWOM besitzt beim hier durchgeführten Test auf Reliabilität ebenso einen hohen Wert von 0,88. *Tabelle 9* zeigt die einzelnen Aussagen, die dieses Konstrukt operationalisieren.

Item	Quelle/Autor
1. Ich würde mit anderen Leuten über meine negativen Erfahrungen sprechen, um negative Mundpropaganda zu verbreiten.	*Grégoire/Fisher, Grégoire/ Tripp/Legoux, Gelbrich*
2. Ich würde mit anderen Leuten über meine negativen Erfahrungen sprechen, um den Zeitungsverleger vor anderen schlecht zu machen.	
3. Ich würde mit anderen Leuten über meine negativen Erfahrungen sprechen, um andere zu warnen, die Zeitung nicht bei diesem Verleger zu abonnieren.	

Tabelle 9: Operationalisierung des rachsüchtigen NWOM[374]

4.6 Operationalisierung der unabhängigen Variablen

4.6.1 Operationalisierung der MI

Um messen zu können, ob die Beziehung zu einer Marke einen Einfluss auf die Art des Beschwerdeverhaltens hat, erfolgt eine Abfrage der MI zur Zeitungsmarke. Dazu werden die zu bewertenden Aussagen aus einer Studie von *Algesheimer/Dholakia/Hermann* übernommen. Sie untersuchen anhand von Brand-Communities europäischer Automobil-Clubs wie das soziale Verhalten von Individuen durch die Community beeinflusst wird.[375] In der vorliegenden Untersuchung dienen diese Items dazu, den Identifikationsgrad eines Konsumenten mit der präsentierten Marke zu operationalisieren. Die konkreten Formulierungen lauten bei den Autoren: „*This brand says a lot about the kind of person I am*", „*This brand's image and my self-image are similar in many respects*" und „*This brand plays an important role in my life*".[376] Die in der Quellstudie genutzte 10-stufige Likert-Skala wird in eine 7-stufige Skala

[372] Gelbrich (2010), S. 582.
[373] Vgl. Gelbrich (2010), S. 582.
[374] Eigene Darstellung in Anlehnung an Gelbrich (2010), S. 582.
[375] Vgl. Algesheimer/Dholakia/Herrmann (2005), S. 30.
[376] Algesheimer/Dholakia/Herrmann (2005), S. 33.

umgewandelt und mit den gleichen Extrempunkten wie in den bisherigen Operationalisierungen versehen.[377] In Bezug auf die Reliabilität erfolgt die Eliminierung eines Items (Item Nr. 3), um den Cronbach-Alpha-Wert von 0,78 auf 0,81 zu erhöhen. Zur Anwendung in der Umfrage sind die Items erneut in die deutsche Sprache übersetzt und wie folgt im Fragebogen präsentiert worden:

Item	Quelle/Autor
1. Diese Marke sagt viel über die Art von Person aus, die ich bin.	*Algesheimer/ Dholakia/ Hermann*
2. Das Image der Marke und mein eigenes Image stimmen in vielen Belangen überein.	
3. Diese Marke spielt eine wichtige Rolle in meinem Leben.	

Tabelle 10: Operationalisierung der MI[378]

4.6.2 Operationalisierung der Frage zur Kanalwahl

In den verschiedenen Szenarien wird jeweils vorgegeben, welcher Beschwerdekanal genutzt wird. Darüber hinaus ist es auf explorativer Basis interessant zu sehen, welchen Kanal die Probanden von sich aus in Abhängigkeit der jeweiligen Verhaltensabsicht wählen. Als Vorlage zur Operationalisierung der Kanalwahl kann hier eine Studie von *Bagozzi/Edwards* dienen. Diese messen eine Verhaltensabsicht anhand einer 5er-Skala von *very unlikely* bis *very likely* in Bezug auf Diäten und Sportaktivitäten.[379] Da auch die Kanalwahl in Abhängigkeit einer antizipierten Verhaltensweise abgefragt wird, dient diese Skala als formaler Referenzpunkt. Aus Konsistenzgründen erfolgt die Abfrage jedoch auf der im Fragebogen durchgehend verwendeten 7-stufigen Likert-Skala mit den Extrempunkten „stimme überhaupt nicht zu“ und „stimme voll und ganz zu“. In Anlehnung an *Mattila/Wirtz* wird zwischen interaktiven und nicht-interaktiven Beschwerdekanälen unterschieden,[380] wobei der Kanal Brief/Fax nicht miteinbezogen wird. Bei der unternehmensbezogenen Beschwerde ist es wichtig zu differenzieren, welchen Kanal ein Kunde in Abhängigkeit der hinter dem Verhalten stehenden Intention wählt (konstruktive Kritik/Ablassen von Ärger). Betrachtet man das NWOM aus Firmensicht, ist insbes. die Komponente der Wut von Bedeutung. Daher wird allgemein nach

[377] Vgl. Algesheimer/Dholakia/Herrmann (2005), S. 33.
[378] Eigene Darstellung in Anlehnung an Algesheimer/Dholakia/Herrmann (2005), S. 33
[379] Vgl. Bagozzi/Edwards (2000), S. 260.
[380] Vgl. Mattila/Wirtz (2004), S. 148.

dem Kanal gefragt, über den Kunden ihren Ärger ggü. ihren Freunden äußern. Eine Reliabilitätsmessung entfällt, da diese Fragen lediglich separierte Verhaltensabsichten abbilden und kein gemeinsames Konstrukt erfassen.

Item	Quelle/Autor
1. Welchen Kommunikationskanal würden Sie wählen, um dem Zeitungsverleger konstruktive Kritik entgegenzubringen? Ich würde mich...	
a) ... persönlich beschweren.	
b) ... per Telefon beschweren.	
c) ... per E-Mail beschweren.	
2. Welchen Kommunikationskanal würden Sie wählen, um Ihren Ärger ggü. dem Zeitungsverleger loszuwerden? Ich würde mich...	
a) ... persönlich beschweren.	*Bagozzi/ Edwards bzw. Mattila/Wirtz*
b) ... per Telefon beschweren.	
c) ... per E-Mail beschweren.	
3. Welchen Kommunikationskanal würden Sie wählen, um Ihren Ärger über den Zeitungsverleger ggü. Ihren Freunden loszuwerden? Ich würde mich...	
a) ... persönlich beschweren.	
b) ... per Telefon beschweren.	
c) ... per E-Mail beschweren.	

Tabelle 11: Operationalisierung der Frage zur Kanalwahl[381]

4.6.3 Operationalisierung des Manipulationschecks

Noch bevor die Wirkung der unabhängigen auf die abhängigen Variablen untersucht werden kann, sollte ein Manipulationscheck erfolgen.[382] Dieser dient der Sicherstellung der Qualität der Ergebnisse, indem er die durchgeführte Manipulation mit einer adäquaten Skala untersucht. Er prüft im Detail, ob die Variation der abhängigen Variable(n) auch auf die verschiedenen Ausprägungen der Faktoren zurückzuführen ist.[383] Bei dichotomen Faktorstufen (ja/nein; vorhanden/nicht vorhanden) ist kein Manipulationscheck notwendig, da diese

381 Eigene Darstellung in Anlehnung an Bagozzi/Edwards (2000), S. 260 und Mattila/Wirtz (2004), S. 148.
382 Vgl. Perdue/Summers (1986), S. 317 f.
383 Vgl. Bortz/Döring (2006), S. 118 f.; Eschweiler/Evanschitzky/Woisetschläger (2007), S. 549.

größtmögliche Gegensatzpaare darstellen, die nicht weiter manipuliert werden können.[384] Zur Überprüfung der erfolgreichen Manipulation müssen, je nach Ausprägungsanzahl der Faktorstufen und der (Un)abhängigkeit der Stichproben, unterschiedliche Verfahren genutzt werden. Im postulierten Untersuchungsmodell genügt es, einen Manipulationscheck für das Ausmaß des Fehlers durchzuführen. Dies erfolgt über eine direkte Abfrage des wahrgenommen Schweregrades des Fehlers im jeweiligen Szenario. *Tabelle 12* bildet die Fragen dazu ab.

Item	**Quelle/Autor**
1. Das im Szenario beschriebene Problem der einmal nicht gelieferten Zeitung/der dreimal nicht gelieferten Zeitung empfinde ich als ein schwerwiegendes Service-Problem.	
2. Das im Szenario beschriebene Problem der einmal nicht gelieferten Zeitung/der dreimal nicht gelieferten Zeitung empfinde ich als ein erhebliches Service-Problem.	*Hess Jr./ Ganesan/Klein*
3. Das im Szenario beschriebene Problem der einmal nicht gelieferten Zeitung/der dreimal nicht gelieferten Zeitung empfinde ich als ein signifikantes Service-Problem.	

Tabelle 12: Operationalisierung des Schweregrades des Fehlers[385]

In der Ursprungsquelle stellen *Hess Jr./Ganesan/Klein* das Ausmaß des Fehlers auf einem bipolaren Differenzial dar (z.B. erheblich vs. unerheblich), um den Manipulationscheck im Kontext von Service-Fehler und –Recovery durchführen zu können.[386] Der Fokus ihrer Studie liegt darauf, die Kunden-Unternehmens-Beziehung und deren Einfluss auf diverse Recovery-Komponenten zu identifizieren.[387] Aus Gründen der Konsistenz wird das Differenzial in eine 7-stufige-Likert-Skala transformiert. Darüber hinaus wird jedes Item in ein eindimensionales Konstrukt umgewandelt, mit der negativen Formulierung als Aussage versehen und anschließend wie folgt in den Fragebogen integriert. Der Reliabilitätswert dieses Konstruktes beträgt 0,89. Als zusätzlicher Indikator für eine gelungene Manipulation kann die durch den Service-Fehler induzierte Wut genutzt werden. Diese wird anhand von vier Items operationalisiert. Konsumenten assoziieren Wut häufig mit einem auftretenden Service-Fehler. Zur Kontrolle, ob mit dem steigenden Ausmaß des Fehlers auch eine höhere Wut einhergeht, wird dieses

[384] Vgl. Eschweiler/Evanschitzky/Woisetschläger (2007), S. 549.
[385] Eigene Darstellung in Anlehnung an Hess Jr./Ganesan/Klein (2003), S. 143.
[386] Vgl. Hess Jr./Ganesan/Klein (2003), S. 134 f.
[387] Vgl. Hess Jr./Ganesan/Klein (2003), S. 140.

Konstrukt in die Untersuchung integriert. Die Basis dafür ist eine Studie von *Wagner/Hennig-Thurau/Rudolph*, die Wut als emotionale Konsequenz einer unangenehmen Service-Erfahrung herleitet. Der Fokus ihrer Untersuchung liegt dabei auf Kundenloyalitätsprogrammen und der Abwertung des Kundenstatus aus Unternehmenssicht sowie dessen Folgen.[388]

Item	Quelle/Autor
1. Das im Szenario aufgetretene Problem macht mich wütend.	*Wagner/ Hennig-Thurau/ Rudolph, Richins*
2. Das im Szenario aufgetretene Problem frustriert mich.	
3. Das im Szenario aufgetretene Problem irritiert mich.	
4. Das im Szenario aufgetretene Problem verärgert mich.	

Tabelle 13: Operationalisierung der negativen Emotion Wut[389]

Die vier Items, die innerhalb ihrer Studie mit der Frage *„How does this situation make you feel?"* verbal erfasst werden, besitzen in der Ursprungsstudie eine durchweg hohe Konstruktreliabilität (Cronbach-Alpha: 0,89 bzw. 0,97).[390] Drei der vier eingesetzten Items stammen aus einer Studie über verschiedenste Emotionen von *Richins*.[391] In Anlehnung an das eben erläuterte Item beinhaltet der Fragebogen die Aussagen über die empfundene Wut wie in *Tabelle 13* aufgelistet. Um eine hohe Reliabilität zu gewährleisten, muss ebenfalls ein Item (Aussage 3) bei diesem Konstrukt eliminiert werden. Das Cronbach-Alpha steigt damit von 0,69 auf 0,76.

Um auf eine erfolgreiche Manipulation schließen zu können, erfolgt ein Vergleich der MW zwischen den manipulierten Faktorstufen des Fehlerausmaßes (niedrig vs. hoch) für das jeweilige Konstrukt. Dazu wird ein *t-Test bei unabhängigen Stichproben* durchgeführt. So unterscheiden sich die MW in den beiden Gruppen des Fehlerausmaßes in Bezug auf den Schweregrad deutlich mit 1,79 (±0,99) und 4,29 (±1,49). Die MW sind mit einem p-Wert von 0,000 signifikant voneinander verschieden. Damit ist die Manipulation der Szenarien sehr erfolgreich verlaufen und die Konsumenten haben die unterschiedlichen Stufen des Fehlerausmaßes deutlich wahrgenommen. Die emotionale Komponente der Wut weist ebenfalls

388 Vgl. Wagner/Hennig-Thurau/Rudolph (2009), S. 70.
389 Eigene Darstellung in Anlehnung an Wagner/Hennig-Thurau/Rudolph (2009), S. 82
390 Vgl. Wagner/Hennig-Thurau/Rudolph (2009), S. 82.
391 Vgl. Richins (1997), S. 144.

einen wesentlichen MW-Unterschied zwischen den beiden Gruppen auf (niedriges Fehlerausmaß: 2,41; ±1,23 vs. hohes Fehlerausmaß 4,19; ±1,22). Auch hier kann ein p-Wert von 0,000 zu Grunde gelegt werden und die erfolgreiche Manipulation bestätigt werden. Für den zweiten a priori manipulierten Faktor, den Beschwerdekanal, ist kein Manipulationscheck notwendig, da die Kanäle nominal skaliert sind und es keine Gefahr einer subjektiven Wahrnehmung gibt, die die Manipulation beeinträchtigen könnte.

4.6.4 Operationalisierung der Kontrollvariablen

Um auch die externe Validität zu sichern, beinhaltet der Fragebogen weiterhin zwei Items, die die Übertragbarkeit auf die Realität des Vorfalls im zugewiesenen Szenario messen. Ein hohes Maß an Realität im Experiment ist von enormer Bedeutung,[392] sodass die Frage nach der Realitätsnähe sowohl im Pretest als auch in der Hauptstudie Verwendung findet. Der MW beider Items über alle Szenarien hinweg beträgt 6,2. In den Szenarien getrennt betrachtet liegt er bei geringem Fehlerausmaß bei 6,3 und bei hohem Fehlerausmaß bei 6,04. Daraus kann geschlossen werden, dass die Probanden beide Szenarien als realistisch einschätzen. Die Aussagen zur Operationalisierung sind ebenfalls aus der o.g. Studie von *Wagner/Hennig-Thurau/Rudolph* entnommen. Das Reliabilitätsmaß Cronbach-Alpha beträgt dort 0,9.[393] Die beiden Pole bei der Bewertung der Aussagen werden in ihrer Untersuchung durch *1 = completely disagree* und *7 = agree completely* dargestellt. Auch in der hier vorliegenden Studie kann eine hohe Reliabilität mit einem Wert von 0,79 bestätigt werden. Da bereits eine 7-stufige Likert-Skala vorliegt, muss lediglich die Formulierung übersetzt und an den Kontext angepasst werden. Die Items lauten wie folgt im Fragebogen:

Item	Quelle/Autor
1. Ich glaube, dass die im Szenario beschriebene Situation im wahren Leben auch passieren könnte.	*Wagner/ Hennig-Thurau/ Rudolph*
2. Ich könnte mir vorstellen, dass bei einem Zeitungsverleger das im Szenario beschriebene Problem auftaucht.	

Tabelle 14: Operationalisierung der Realitätsnähe des zugewiesenen Szenarios[394]

[392] Vgl. Darley/Lim (1993), S. 493.
[393] Vgl. Wagner/Hennig-Thurau/Rudolph (2009), S. 72.
[394] Eigene Darstellung in Anlehnung an Wagner/Hennig-Thurau/Rudolph (2009), S. 72.

Um darüber hinaus kontrollieren zu können, ob die Probanden den Fehler auch tatsächlich dem Unternehmen zuschreiben, nutzt der Fragebogen ein Single-Item. Da für dieses keine Reliabilität gemessen werden kann, erfolgt keine Berechnung des Cronbach-Alpha-Koeffizienten. Die Operationalisierung dieses Items wird aus einer Studie von *Grewal/Roggeveen/Tsiros* entnommen.[395] Die ursprüngliche Formulierung des Items lautet: „*The airline is responsible for the inconvenience*".[396] Die dort verwendete 5-stufige Likert-Skala wird wiederum in eine 7-stufige transformiert und die Aussage anschließend wie folgt im Fragebogen abgebildet:

Item	Quelle/Autor
1. Das im Szenario aufgetretene Problem liegt im Verantwortungsbereich des Zeitungsverlags.	*Grewal, Roggeveen, Tsiros*

Tabelle 15: Operationalisierung der Verantwortlichkeit für den Fehler[397]

4.7 Überprüfung der Prämissen der Varianzanalyse

Die Nutzung der Varianzanalyse erfordert, wie andere statistische Verfahren auch, die Einhaltung gewisser Voraussetzungen. Für die ANOVA gelten fünf Prämissen, die es bei der Anwendung zu berücksichtigen gibt. [398] Zunächst muss besonders auf Ausreißer geachtet werden, da diese leicht das empirische Ergebnis verfälschen können. Existieren in der Stichprobe solche Werte, müssen diese eliminiert werden.[399] Durch die konsistente Nutzung einer 7-stufigen Likert-Skala im Fragebogen wird dieses Problem erfolgreich umgangen. Somit bedarf es keiner Eliminierung von eventuell sehr starken Extremwerten. Die zweite einzuhaltende Prämisse stellt eine randomisierte Zuordnung zu den jeweiligen Gruppen innerhalb des Experiments dar.[400] Im Rahmen der Online-Befragung leitet der Server die Probanden per Zufall zu einem der sechs Szenarien weiter. Somit ist die Erfüllung der o.g. Prämisse ebenfalls sichergestellt. Darüber hinaus fordern *Hair et al.* zur erfolgreichen Anwendung der Varianzanalyse eine Mindestgruppengröße von 20 teilnehmenden Personen.[401] Mit einem durchschnittlichen Gruppenumfang von 84,33 Probanden wird auch diese Bedingung inner-

[395] Vgl. Grewal/Roggeveen/Tsiros (2008), S. 430.
[396] Grewal/Roggeveen/Tsiros (2008), S. 428.
[397] Eigene Darstellung in Anlehnung an Grewal/Roggeveen/Tsiros (2008), S. 428.
[398] Vgl. Eschweiler/Evanschitzky/Woisetschläger (2007), S. 549.
[399] Vgl. Hair et al. (2010), S. 460.
[400] Vgl. Eschweiler/Evanschitzky/Woisetschläger (2007), S. 551.
[401] Vgl. Eschweiler/Evanschitzky/Woisetschläger (2007), S. 551; Hair et al. (2010), S. 458.

halb der Studie eingehalten. Zusätzlich sollen die einzelnen Zellen, die sich im Experiment durch die unterschiedlichen Kombinationen der Faktorausprägungen ergeben, normalverteilt sein. Dazu muss für jede Zelle der Kolmogorov-Smirnov-Test durchgeführt werden.[402] Dieser postuliert in der Nullhypothese eine Normalverteilung, sodass bei Ablehnung dieser keine Normalverteilung vorliegt. Da sich die Varianzanalyse aber als sehr robust gegen Schätzfehler darstellt, wenn die Anzahl der Personen in den Zellen in etwa gleich groß ist, kann diese Prämisse über eine Gleichverteilung der Probanden über alle Zellen geheilt werden. Dabei sollte die Anzahl der Personen von der kleinsten bis zur größten Zelle maximal um den Faktor 1,5 variieren.[403] Dies ist bei dem 2x3-Basis-Design durch die randomisierte Zuordnung gegeben. Bei der Neuzuordnung in Gruppen mit niedriger und hoher MI wird die o.g. Bedingung ebenso erfüllt, sodass keine Eliminierung von Probanden erfolgen muss. Eine weitere wichtige Voraussetzung zur Durchführung einer Varianzanalyse stellt die Varianzhomogenität dar. Ist diese Bedingung erfüllt, bedeutet dies, „es wird unterstellt, dass die Stichprobenwerte Realisierungen normalverteilter Zufallsvariablen mit derselben (unbekannten) Varianz σ^2" sind.[404] Der Levene-Test auf Varianzhomogenität fällt bei drei von vier abhängigen Variablen positiv aus (Ausnahme rachsüchtiges NWOM). In Bezug auf die Verletzung der Annahme der Varianzhomogenität gilt das gleiche Argument wie oben: Die Gleichverteilung in den Zellen heilt die Verletzung dieser Prämisse. *Tabelle 16* fasst die Prämissenprüfung der Studie noch einmal übersichtlich zusammen.

402 Vgl. Eschweiler/Evanschitzky/Woisetschläger (2007), S. 550.
403 Vgl. Stevens (1996), S. 249.
404 Hochstädter/Kaiser (1988), S. 2.

Prämisse	Prüfungsmethode	Heilbar über	Erfüllung/Heilung
Keine Ausreißer	Plausibilitätsprüfung der Werte bei offenen Skalen	Eliminierung zu hoher Extremwerte	Sichergestellt durch 7-stufige Likert-Skala
Randomisierte Gruppenzuordnung	(ex ante festgelegt)	Muss im Vorhinein festgelegt sein	Sichergestellt durch Zufallsmechanismus
Gruppengröße mindestens 20	Prüfung anhand der Daten	-	a priori > 80; a posteriori >30
Univariate Normalverteilung in den Zellen	Kolmogorov-Smirnov-Test	Gleichbesetzung der Zellen	Gleichbesetzung (Faktor 1,5) sowohl a priori als auch a posteriori gegeben
Varianzhomogenität	Levene-Test	Gleichbesetzung der Zellen	Gleichbesetzung (Faktor 1,5) sowohl a priori als auch a posteriori gegeben

Tabelle 16: Zusammenfassung der Prämissenprüfung zur Anwendung der Varianzanalyse[405]

Nachdem nun sichergestellt wurde, dass die Anwendung der Varianzanalyse möglich ist, können im nächsten Kapitel die postulierten Hypothesen überprüft werden. Innerhalb der aufgestellten Experimente werden mehrere Varianzanalysen durchgeführt. So ist es möglich signifikante Effekte zwischen den Faktoren und den abhängigen Variablen herauszuarbeiten und anschließend deren Wirkungsrichtung zu spezifizieren.

Insgesamt ergeben sich zwei Experimente, die jeweils unterschiedliche abhängige Variablen untersuchen. *Experiment 1* betrachtet dabei den direkten Einfluss des Ausmaßes des Fehlers auf die problemlösende und die rachsüchtige Beschwerde. *Experiment 2* analysiert das Ausmaß des Fehlers und deren Einfluss auf beide Formen des NWOM unter Berücksichtigung der moderierenden Funktion der MI. *Tabelle 17* gibt die verschiedenen Versuchsaufbauten wieder.

[405] Eigene Darstellung in Anlehnung an Eschweiler/Evanschitzky/Woisetschläger (2007), S. 551.

Unabhängige Variable (Faktor)	**abhängige Variable**	**Moderator**	**Experiment (Design)**
Fehlerausmaß x Beschwerdekanal	Problemlösende Beschwerde	Nicht vorhanden	1a (2x3)
Fehlerausmaß x Beschwerdekanal	Rachsüchtige Beschwerde	Nicht vorhanden	1b (2x3)
Fehlerausmaß	Hilfesuchendes NWOM	MI	2a (2x2)
Fehlerausmaß	Rachsüchtiges NWOM	MI	2b (2x2)

Tabelle 17: Durchgeführte Experimente im Rahmen der empirischen Untersuchung[406]

4.8 Empirische Ergebnisse der Studie

4.8.1 Allgemeines zur Hypothesenprüfung

Zur statistischen Überprüfung der aufgestellten Hypothesen wird jeweils ein F-Test durchgeführt, anhand dessen festgestellt werden kann, ob sich die MW in den verschiedenen Gruppen signifikant voneinander unterscheiden. Dabei postuliert die Nullhypothese immer den Fall, dass die differierenden Faktorstufen keinen unterschiedlichen Einfluss auf die abhängige Variable haben. Konkret bedeutet dies, dass die MW nicht signifikant voneinander verschieden sind.[407] Ziel ist es bei der Durchführung des Tests ein vorgegebenes Signifikanzniveau (1-Vertrauenswahrscheinlichkeit) zu unterschreiten, um so die Nullhypothese verwerfen zu können und die resultierenden MW-Unterschiede auf die Ausprägungen der jeweiligen Faktoren zurückführen zu können.[408] Das allgemein geforderte Signifikanzniveau sollte dabei zwischen 1-10 % liegen.[409] Zur Überprüfung dient in mathematischer Hinsicht ein Vergleich des ermittelten F-Wertes mit dem theoretischen F-Wert (Prüfgröße), der in statistischen Tabellen vorhanden ist.[410] SPSS gibt den F-Wert inkl. Signifikanzniveau sowie weitere Größen direkt aus. Damit entfällt der sonst notwendige Vergleich mit der F-Verteilungs-

406 Eigene Darstellung.
407 Vgl. Backhaus et al. (2011), S. 174.
408 Vgl. Backhaus et al. (2011), S. 180.
409 Vgl. Backhaus et al. (2011), S. 165.
410 Vgl. Backhaus et al. (2011), S. 165; s. auch Backhaus (2011), S. 159 ff. für eine genauere mathematische Betrachtung der Varianzanalyse.

Tabelle.[411] Eine der eben erwähnten weiteren wichtigen Größen stellt das *Eta-Quadrat* (η^2) dar. Dieser Koeffizient legt die Stärke des signifikanten Effektes fest. Das Maß gibt an, wie hoch der Prozentsatz der Varianz der abhängigen Variablen ist, der durch den jeweiligen Faktor erklärt werden kann. Generell gilt, dass ein höherer Wert einen stärkeren Effekt impliziert.[412] Allgemein festzuhalten ist, dass in verhaltenswissenschaftlichen Experimenten hohe Werte bei der Effektstärke generell nicht zu erwarten sind.[413] So werden die Effekte entsprechend als schwach (1 % - 5,9 %), mittel (größer 5,9 % - 13,8 %) und stark (größer 13,8 %) klassifiziert.[414]

4.8.2 Konzeption von Experiment 1 und Hypothesenprüfung

Das erste durchgeführte Experiment im Rahmen dieser Untersuchung nutzt die beiden Faktoren des Fehlerausmaßes und des Beschwerdekanals. Als Zielvariablen werden die problemlösende Beschwerde sowie die rachsüchtige Beschwerde ausgewählt. Wie im Basisszenario in *Kapitel 4.1* beschrieben, ergeben sich für das Fehlerausmaß die Ausprägungen niedrig und hoch, während der jeweilige Beschwerdekanal durch die persönliche Ansprache (FTF), das Telefon oder den Kontakt per E-Mail manipuliert wird. Zur Analyse der statistischen Zusammenhänge und somit zur Prüfung der Hypothesen dient eine univariate ANOVA, die mit Hilfe von SPSS durchgeführt wird.

Hypothese 1 vermutet einen direkten positiven Zusammenhang zwischen dem Ausmaß des Fehlers und der problemlösenden Beschwerde. Das Resultat des F-Tests lautet 2,87. Mit einem p-Wert von 0,091 können die Nullhypothese verworfen und der Unterschied der MW auf die Ausprägungen der Faktoren zurückgeführt werden. Bei der detaillierten Analyse der beiden MW im Bereich von niedrigem und hohem Fehlerausmaß wird allerdings deutlich, dass ein negativer Effekt zwischen dem eben erwähnten Faktor und der abhängigen Variablen besteht. So liegt der MW bei geringem Fehlerausmaß bei 5,40 (±1,77); im Falle des hohen Fehlerausmaßes bei 5,11 (±1,90). Es wird folglich *Hypothese 1* verworfen. In Bezug auf die Stärke des Effektes kann ein η^2 von 0,6 % konstatiert werden. Somit liegt lediglich ein sehr schwacher Effekt vor.

[411] Vgl. Backhaus et al. (2011), S. 180.
[412] Vgl. Eschweiler/Evanschitzky/Woisetschläger (2007), S. 552.
[413] Vgl. Peterson/Albaum/Beltramini (1985), S. 101.
[414] Vgl. Cohen (1988), S. 280 ff.

Hypothese 2 stellt eine direkte positive Beziehung zwischen dem Fehlerausmaß und der unternehmensbezogenen rachsüchtigen Beschwerde her. Führt man den F-Test (2,138) durch, so ist das Ergebnis bei einer Irrtumswahrscheinlichkeit von 15 % signifikant (p-Wert: 0,144). Zieht man zur genaueren Betrachtung die MW heran (Ausmaß des Fehlers gering: 1,42; ±0,92 vs. Ausmaß des Fehlers hoch: 1.53; ±0,81), so entspricht die Wirkungsrichtung der in der Hypothese postulierten. Da das geforderte Signifikanzniveau von 1–10 % jedoch nicht erreicht wird, kann die Nullhypothese nicht verworfen werden, womit die MW-Unterschiede laut statistischem Test auf den Zufall zurückzuführen sind. Trotz einer positiven Tendenz kann die in *Kapitel 3.1* hergeleitete Beziehung zwischen dem Fehlerausmaß und der rachsüchtigen Beschwerde auf Basis des vorgegebenen Signifikanzniveaus also nicht empirisch bestätigt werden. Folglich muss *Hypothese 2* ebenfalls verworfen werden.

Hypothese 5 leitet mit Hilfe der *Media Richness Theory* eine positive Wirkung eines reichhaltigeren Beschwerdekanals auf die problemlösende Beschwerde her. Hier kann bei einem F-Wert von 0,824 und einem p-Wert von 0,439 die Nullhypothese eindeutig nicht verworfen werden. Damit hat der Beschwerdekanal als Faktorstufe in Bezug auf die problemlösende Beschwerde keinen statistischen Einfluss und auch H_5 wird verworfen. Die MW, die sich in der Untersuchung ergeben, liegen für das persönliche Gespräch bei 5,24 (±1,97), für das Telefon bei 5,39 (±1,69) und für die E-Mail bei 5,13 (±1,86).

Hypothese 6 trifft die Aussage, dass die zunehmende Anonymität im Beschwerdekanal das rachsüchtige Verhalten der Konsumenten fördert. Im durchgeführten Experiment ergibt sich ein F-Wert von 2,891 für den direkten Effekt des Kanals auf die rachsüchtige Beschwerde. Mit einem p-Wert von 0,056 kann darüber hinaus eine statistische Signifikanz nachgewiesen werden. Damit wird die Nullhypothese verworfen und der Kanal hat einen eindeutigen Einfluss auf das rachsüchtige Beschwerdeverhalten. Um auch hier die Richtung des Effekts genauer zu identifizieren, werden erneut die MW in den drei Gruppen der unterschiedlichen Beschwerdekanäle verglichen. So sind diese der rachsüchtigen Beschwerde beim persönlichen Gespräch mit einem MW von 1,36 (±0,79) am geringsten. Die Absicht sich am Telefon rachsüchtig zu äußern ist dagegen etwas höher (MW: 1,47 und ±0,80) und die höchsten MW werden per E-Mail erreicht (1,59 und ±0,98). Wie in der Hypothese formuliert, nimmt das rachsüchtige Beschwerdeverhalten mit der Anonymität im Beschwerdekanal zu. Somit kann

H_6 beibehalten werden. Die Effektstärke ist mit $\eta^2 = 1,1$ % tendenziell schwach. *Tabelle 18* fasst alle relevanten statistischen Daten zu *Experiment 1* zusammen.

Problemlösende Beschwerde					
Faktoren	**Mittel der Quadrate**	**DF**	**F-Wert**	**p-Wert**	**Partielles η^2**
Fehlerausmaß	9,717	1	2,870	0,091	0,006
Beschwerdekanal	2,790	2	0,824	0,439	0,003
Fehlerausmaß x Beschwerdekanal	2,964	2	0,876	0,417	0,003
Rachsüchtige Beschwerde					
Faktoren	**Mittel der Quadrate**	**DF**	**F-Wert**	**p-Wert**	**Partielles η^2**
Fehlerausmaß	1,590	1	2,138	0,144	0,004
Beschwerdekanal	2,151	2	2,891	0,056	0,011
Fehlerausmaß x Beschwerdekanal	0,020	2	0,027	0,973	0,000

Tabelle 18: Testergebnisse der problemlösenden und rachsüchtigen Beschwerde in Experiment 1[415]

4.8.3 Konzeption von Experiment 2 und Hypothesenprüfung

Das zweite Experiment, das in der Untersuchung von Relevanz ist, analysiert den Einfluss des Fehlerausmaßes auf die zwei abhängigen Variablen des hilfesuchenden und des rachsüchtigen NWOM unter Berücksichtigung der MI als Moderator. Die MI kann als feststehende intrinsische Größe angesehen werden, die gar nicht oder nur sehr schwierig im Vorfeld zu manipulieren ist. Daher wird dieser Faktor erst a posteriori berücksichtigt *(s. Kapitel 4.1)*. Innerhalb des Fragebogens erfolgt die Messung in metrischer Form. Im Anschluss wird die Variable vor der Durchführung der Varianzanalyse in eine kategorische Variable umgewandelt. Anhand des Median werden die Probanden in eine Gruppe für eine niedrige (MI<=3) und hohe Ausprägung (MI>3) der MI eingeteilt werden. Diese beiden Gruppen stellen nun die Faktorausprägungen der MI dar. In Kombination mit dem Fehlerausmaß ergibt sich der zweite experimentelle Aufbau, der in *Tabelle 19* abgebildet ist. Nach der neuen Zuordnung der Probanden müssen auch hier zunächst wieder die Prämissen der Varianzanalyse überprüft werden. Da diese, wie in *Kapitel 4.7* bereits diskutiert, sowohl durch den a priori Aufbau als auch durch die nachträgliche Neugruppierung erfüllt sind, kann direkt mit der Hypothesenprüfung fortgefahren werden.

415 Eigene Darstellung.

	MI gering	MI hoch	Summe
Fehlerausmaß gering	141	111	252
Fehlerausmaß hoch	132	122	254
Summe	273	233	506

Tabelle 19: Zellenweise Verteilung der Probanden in Experiment 2[416]

Direkte Effekte in Experiment 2

Mit H_3 wird ein positiver Zusammenhang zwischen dem Ausmaß des Fehlers und dem hilfesuchenden NWOM aufgestellt. Es kann ein signifikanter Einfluss bei einem F-Wert von 9,851 und einem p-Wert von 0,002 nachgewiesen werden. Auch die Richtung des vermuteten Effektes bestätigt sich bei der Analyse der MW (MW bei geringem Fehlerausmaß: 3,79; ±1,56 vs. MW bei hohem Fehlerausmaß: 4,23; ±1,61). H_3 wird somit beibehalten. Die Effektstärke beträgt 1,9 %, was als schwacher Effekt bezeichnet werden kann.

Hypothese 4 formuliert eine positive Beziehung zwischen dem Ausmaß des Service-Fehlers und dem rachsüchtigen NWOM. Zieht man den F-Test heran, so ergibt sich ein Wert von 40,460 (p-Wert: 0,000). Damit wird die Nullhypothese verworfen und eine hohe statistische Signifikanz ist gegeben. Die in der Herleitung dargelegte positive Wirkungsrichtung bestätigt sich mit MW-Unterschieden von 1,90 (±1,18) bei geringem Fehlerausmaß und 2,61 (±1,39) bei hohem Fehlerausmaß. Mit einem η^2 = 7,5 % kann ein mittelstarker Effekt abgeleitet werden und H_4 beibehalten werden.

Interagierende Effekte in Experiment 2

Das Hauptaugenmerk der Varianzanalyse liegt nicht auf den sich direkt ergebenden Effekten, sondern auf den Interaktionseffekten zwischen den Faktoren.[417] Um eine Vorstellung davon zu erlangen, wie solche Interaktionseffekte aussehen können, müssen die grundsätzlichen Interaktionsmöglichkeiten im Rahmen der Varianzanalyse kurz erläutert werden. Zum Verständnis ist es dienlich, die Zusammenhänge zwischen den Faktoren grafisch abzubilden. So sollten zwei Diagramme erstellt werden, bei denen auf der Ordinate der MW der relevanten abhängigen Variablen zu sehen ist. Auf der Abszisse wird je einer der Faktoren abgetragen. Die Ausprägungen des jeweils anderen Faktors werden als separate Linien auf Höhe der

[416] Eigene Darstellung.
[417] Vgl. Eschweiler/Evanschitzky/Woisetschläger (2007), S. 551.

MW der Faktorstufenkombinationen eingezeichnet.[418] Die eben ausgeführten Erläuterungen werden in *Abbildung 4* dargestellt. Bezogen darauf, stehen a1 und a2 sowie b1 und b2 für die jeweilige Ausprägung der Faktorstufe (z.B. Fehlerausmaß niedrig vs. hoch und MI niedrig vs. hoch).

Im Rahmen unterschiedlicher Auswirkungen der einzelnen Faktoren miteinander, gibt es in der Varianzanalyse drei Möglichkeiten, wie genau solch ein Interaktionseffekt aussehen kann. Dabei ist die Klassifikation signifikanter Interaktionseffekte besonders von Bedeutung, da durch sie die Interpretation der Haupteffekte u. U. relativiert werden muss.[419] In *Abbildung 3* erfolgt ein Überblick möglicher Interaktionseffekte.

Es kann allgemein zwischen ordinalen, hybriden und disordinalen Effekten unterschieden werden. Treten ordinale Effekte wie in a) auf, ist der Trend der Mittelwerte für beide Grafiken identisch und die Rangfolge der Mittelwerte in Abhängigkeit der jeweiligen Faktorstufe somit gleich. Daher sind die Haupteffekte ohne Probleme interpretierbar.[420] Ereignet sich stattdessen eine hybride Interaktion, wie in b) dargestellt, ist nur einer der Haupteffekte eindeutig interpretierbar. Der andere weist einen gegenteiligen Trend in Abhängigkeit der Faktorstufe auf. Die interessanteste Art einer Interaktion ist die disordinale Variante in c). Hierbei sind die Unterschiede in den MW jeweils nur in gegenseitiger Abhängigkeit der einzelnen Faktorstufen zu interpretieren und die Haupteffekte somit quasi ohne Bedeutung.[421] Um die interagierenden Effekte der Faktoren untereinander zu überprüfen, erfolgt ebenfalls ein F-Test. Allerdings wird hier allgemein eine höhere Irrtumswahrscheinlichkeit akzeptiert. In Abhängigkeit der Komplexität des Modells gilt in der Forschung ein p-Wert von bis zu 25 % als akzeptabel.[422]

[418] Vgl. Bortz/Schuster (2011), S. 244.
[419] Vgl. Bortz/Schuster (2011), S. 244.
[420] Vgl. Bortz/Schuster (2011), S. 244 f.
[421] Vgl. Bortz/Schuster (2011), S. 245.
[422] Vgl. Pedhazur/Schmelkin (1991), S. 731 ff.; Nkwocha et al. (2005), S. 55.

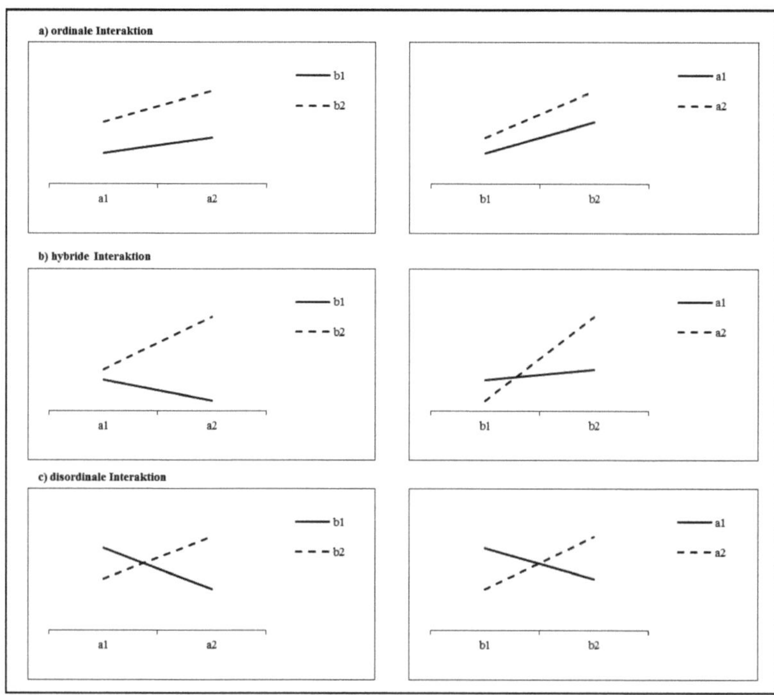

Abbildung 3: Klassifikation verschiedener Interaktionseffekte[423]

H_7 beschreibt den Interaktionszusammenhang zwischen dem Fehlerausmaß und dem Grad der MI mit Wirkung auf das hilfesuchende NWOM. Mit einem F-Wert von 0,896 und einem p-Wert von 0,344 kann keine statistische Signifikanz nachgewiesen werden. Damit liegt auch kein signifikanter Interaktionseffekt vor und H_7 wird verworfen. Es bleibt anzumerken, dass bei geringem Fehlerausmaß die MW für die niedrige MI bei 3,81 (±1,55) und bei hoher MI bei 3,76 (±1,57) liegen. Bei hohem Fehlerausmaß lauten die Werte entsprechend 4,12 (±1,72) und 4,34 (±1,49).

Hypothese 8 postuliert mit Bezug zu den gleichen Faktoren einen Interaktionseffekt mit Wirkung auf die abhängige Variable des rachsüchtigen NWOM. Der F-Wert beträgt hier 7,01 und ist mit p= 0,008 signifikant. Die resultierenden MW zeigen, dass ein gegenteiliger Effekt

[423] Eigene Darstellung in Anlehnung an Bortz/Schuster (2011), S. 245.

zu der in der Hypothese formulierten Wirkungsrichtung vorliegt. Damit muss H_8 ebenfalls verworfen werden. Bei einem η^2 von 1,4 % kann ein schwacher Effekt bestätigt werden. Im Falle eines geringen Fehlerausmaßes betragen die MW des rachsüchtigen NWOM bei niedriger MI 1,90 (±1,23) und bei hoher MI 1,91 (±1,11). D.h. sie sind nahezu gleich und ein statistischer Test zeigt, dass diese beiden Werte nicht signifikant verschieden sind. Wechselt man vom niedrigen Fehlerausmaß zur hohen Ausprägung, kann man einen signifikanten Unterschied nachweisen. So beträgt der MW bei einer schwachen Identifikation mit einer Marke 2,32 (±1,27) und bei einer starken MI 2,94 (±1,45). Diese interessante Erkenntnis wird in der Interpretation sowie in den Implikationen genauer dargelegt. *Tabelle 20* fasst im Folgenden alle Ergebnisse zu *Experiment 2* zusammen.

Hilfesuchendes NWOM					
Faktoren	**Mittel der Quadrate**	**DF**	**F-Wert**	**p-Wert**	**Partielles η^2**
Fehlerausmaß	24,810	1	9,851	0,002	0,019
MI	0,878	1	0,349	0,555	0,001
Fehlerausmaß x MI	2,258	1	0,896	0,344	0,002
Rachsüchtiges NWOM					
Faktoren	**Mittel der Quadrate**	**DF**	**F-Wert**	**p-Wert**	**Partielles η^2**
Fehlerausmaß	65,455	1	40,460	0,000	0,075
MI	12,207	1	7,546	0,006	0,015
Fehlerausmaß x MI	11,449	1	7,077	0,008	0,014

Tabelle 20: Testergebnisse des hilfesuchenden und rachsüchtigen NWOM in Experiment 2[424]

4.9 Zusammenfassung der Ergebnisse und Interpretation

Experiment 1

Mit Hilfe der *Cognitive Appraisal Theory* sowie der *Equity Theory* wird in der Herleitung zur ersten Hypothese eine positive Beziehung zwischen dem Fehlerausmaß und der problemlösenden Beschwerde postuliert. Die Prüfung der Hypothese zeigt einen gegenteiligen kausalen Zusammenhang. Damit liegt ihr eine umgekehrte Wirkungsrichtung zugrunde. Das bedeutet, dass bei geringem Fehlerausmaß ein hohes Bedürfnis zur problemlösenden Beschwerde besteht. Bei hohem Ausmaß des Fehlers dagegen, sinkt die Bereitschaft sich konstruktiv mit dem Unternehmen auseinanderzusetzen und somit die Absicht einer problemlösungsorientier-

[424] Eigene Darstellung.

ten Bewältigung des Service-Fehlers. Eine mögliche Erklärung dafür kann die entstehende Wut im Fehlerfall sein. Konsumenten haben bei geringem Fehlerausmaß noch die Aussicht auf eine Lösung des Problems und sind emotional gefasst. Damit geht eine gewisse Grundbereitschaft einher, das Problem gemeinsam mit dem Anbieter zu lösen. Überschreitet das Ausmaß des Fehlers die Schwelle zu einem aus Kundensicht schwerwiegenden Fehler, fördert dies die Wut so stark, dass die Probanden kein Interesse mehr an einer gemeinsamen Problemlösung mit dem Unternehmen zeigen. Der durchgeführte Manipulationscheck innerhalb dieser Studie bestätigt die positive Verbindung zwischen Fehlerausmaß und aufkommender Wut. Diese Feststellung steht mit den Ergebnissen von *Grégoire/Laufer/Tripp* in Einklang.[425] Die Vermutung, dass die Wut die Problemlösungsbereitschaft senkt, ist konsistent mit den Resultaten einer anderen Studie von *Gino/Schweitzer*. Sie halten fest, dass Probanden, die Wut verspüren, wesentlich weniger bereit sind Ratschläge oder Verbesserungen anzunehmen.[426] Da Konsumenten bei der problemlösenden Beschwerde hauptsächlich eine Kompensation anstreben, kann daraus wiederum geschlossen werden, dass die Wut das Einfordern einer Entschädigung senkt. Diese Aussage wird teilweise von *Grégoire/Fisher* bestätigt. So finden sie heraus, dass die Wut das Streben nach einer Kompensation senkt, allerdings das Fehlerausmaß die Forderung nach einer Entschädigung erhöht.[427] Somit ist der erste Teil dieser Aussage konsistent mit der hier vorliegenden Interpretation. Der zweite Teil widerspricht den erhaltenen Ergebnissen. Womöglich ist die empfundene Wut der Probanden innerhalb dieser Studie so stark, dass das natürliche Streben nach einer Entschädigung verdrängt wird und das Ergebnis daher unterschiedlich zu den Resultaten von *Grégoire/Fisher* ist.

H_2 basiert ebenfalls auf den zwei o.g. Theorien. Die hergeleitete positive Verbindung zwischen dem Ausmaß des Fehlers und der unternehmensbezogenen rachsüchtigen Beschwerde kann bei Betrachtung der MW als ein positiver Trend angesehen werden. Bezogen auf die statistische Überprüfung muss die aufgestellte Hypothese allerdings verworfen werden, da das vorher festgelegte Signifikanzniveau nicht unterschritten wird. Ebenso bei *Grégoire/Fisher* findet man einen nicht signifikanten Zusammenhang zwischen dem Fehlerausmaß und der

[425] Vgl. Grégoire/Laufer/Tripp (2010), S. 753.
[426] Vgl. Gino/Schweitzer (2008), S. 1171.
[427] Vgl. Grégoire/Fisher (2008), S. 255.

Rache allgemein, die u.a. auch die rachsüchtige Beschwerde beinhaltet.[428] Bei *Grégoire/Laufer/Tripp* hingegen kann eine signifikante Verbindung zwischen dem Fehlerausmaß und der rachsüchtigen Beschwerde gefunden werden. Allerdings wird dieser Effekt von der Wut und dem daraus resultierenden Wunsch nach Rache mediiert.[429]

Bei einem geringen Fehlerausmaß betragen die hier vorliegenden MW der rachsüchtigen Beschwerde 1,42 (±0,92) und bei hohem Fehlerausmaß 1,53 (±0,81). Die Probanden haben also allgemein sehr niedrige Werte für den direkten Wunsch nach Rache dem Unternehmen ggü. angegeben. Der *Social Desirability Bias* kann eine Antwort auf die geringen Werte und die fehlende Signifikanz liefern. Die Formulierungen der Items der rachsüchtigen Beschwerde sind sehr stark negativ geprägt *(z.B. Ich würde mich bei dem Zeitungsverleger beschweren, um jemanden für den schlechten Service bezahlen zu lassen.)*. Das eben genannte Phänomen besagt, dass Probanden häufig in der Art und Weise Fragen beantworten, sodass diese konsistent zu den Erwartungen der Gesellschaft sind.[430] Dies kann letztendlich zu fehlerhaften Resultaten bei Befragungen führen.[431] Da ein direktes Racheverhalten nicht als sozial adäquat angesehen wird, können die erhobenen Werte womöglich nicht die wirkliche Racheintention der Befragten abbilden und somit wesentlich geringer sein. Dies kann ebenso zu einer Verzerrung bei der Berechnung der statistischen Signifikanz führen. Des Weiteren ist eine fehlerhafte Zeitungslieferung für manche Personen eventuell noch verzeihbar und stellt keinen Grund dar, das Unternehmen und seine Mitarbeiter unmittelbar für den aufgetretenen Fehler büßen zu lassen. Trotz der fehlenden Signifikanz kann festgehalten werden, dass Konsumenten, bezogen auf diese Stichprobe, mit steigendem Fehlerausmaß ein höheres Bedürfnis zur rachsüchtigen Beschwerde haben, allerdings auf allgemein niedrigem Niveau. Die innerhalb der Studie verwendeten Konstrukte zur Operationalisierung stammen aus einer Studie von *Gelbrich* und wurden u.a. bereits bei *Grégoire/Fisher* verwendet. Beide Studien können ebenfalls eher geringe MW für die rachsüchtige Beschwerde bestätigen,[432] sodass dies konsistent mit den hier gefunden Ergebnissen und der getätigten Interpretation ist. Neben der Tatsache, dass die Probanden die Aussagen möglicherweise als zu stark angesehen haben, liefert *Gelbrich* eine andere Erklärung für ähnlich niedrige Werte in Bezug auf die rachsüchti-

[428] Vgl. Grégoire/Fisher (2008), S. 255.
[429] Vgl. Grégoire/Laufer/Tripp (2010), S. 750.
[430] Vgl. Fisher (1993), S. 305.
[431] Vgl. Fisher (1993), S. 303.
[432] Vgl. Grégoire/Fisher (2008), S. 254; Gelbrich (2010), S. 579.

ge Beschwerde. Sie trifft die Aussage, dass die rachsüchtige Beschwerde nicht die primäre Bewältigungsstrategie für entstehende Wut im Fehlerfall ist. Weiterhin vermutet sie, dass Konsumenten tendenziell weniger dazu neigen Mitarbeiter direkt verbal zu attackieren oder zu beschimpfen.[433] Auch diese Interpretation kann durch die erhaltenen Ergebnisse bestätigt werden, wenn man die absoluten MW der problemlösenden Beschwerde (5,40 und 5,11) und die der rachsüchtigen Beschwerde (1,42 und 1,53) global miteinander vergleicht. Zusammenfassend kann also für die ersten beiden Hypothesen festgehalten werden, dass Kunden generell eine hohe Problemlösungsbereitschaft an den Tag legen. Allerdings kann die Wut bei einem hohen Fehlerausmaß so dominant sein, dass das Bedürfnis sich konstruktiv mit dem Unternehmen auseinanderzusetzen stark sinkt und der Fokus weg von einer Kompensation hin zur direkten Bestrafung gelenkt wird.

H_5 formuliert mit Bezug zur *Media Richness Theory* die Aussage, dass mit zunehmender Reichhaltigkeit eines Beschwerdekanals die Absicht der problemlösenden Beschwerde steigt. Dies kann auf statistischer Basis nicht bestätigt werden. Daraus folgt, dass die befragten Probanden keinen Vorteil in einer reichhaltigeren Kommunikation sehen, falls sie ein Problem konstruktiv lösen möchten. Es lässt sich festhalten, dass das Telefon den höheren MW trotz geringerer Reichhaltigkeit im Vergleich zu dem FTF-Kanal erzielt. Bezogen auf die Ergebnisse innerhalb dieser Stichprobe kann somit gesagt werden, dass einzig die Synchronität eines Mediums positiv mit der problemlösenden Beschwerde in Verbindung steht. Grund zu dieser Annahme geben die höheren MW der synchronen Medien (FTF und Telefon) verglichen mit der E-Mail (asynchron). Da die problemlösende Beschwerde als Treiber die Kompensation beinhaltet, deckt sich dies mit den Ergebnissen von *Mattila/Wirtz*. Diese finden heraus, dass insbesondere interaktive Kanäle für die Forderung nach einer Kompensation genutzt werden.[434] Dass das Telefon einen höheren MW als die FTF-Variante erzielt, kann dabei womöglich auch auf die Einfachheit bei der Nutzung des Telefons zurückgeführt werden.[435] Mit der Verwendung des FTF-Kanals geht ein wesentlich höherer psychologischer und zeitlicher Aufwand einher. Der entstehende Vorteil der höheren Reichhaltigkeit und der daraus antizipierten einfacheren Problemlösung kann dadurch abgeschwächt werden. Bereits im Voraus wurde dieses Problem berücksichtigt, weshalb die Fragebögen in allen Szenarien

[433] Vgl Gelbrich (2010), S. 579.
[434] Vgl. Mattila/Wirtz (2004), S. 152.
[435] Vgl. Stauss/Seidel (2002), S. 104 f.

in Bezug auf den bereitgestellten Kanal die Formulierung *Sie ergreifen die Gelegenheit [...]* enthielten. Damit sollte sichergestellt werden, dass der Aufwand, der mit der Nutzung eines Beschwerdekanals einhergeht, für alle drei Ausprägungen in etwa gleich ist. Womöglich haben die Probanden dieses Detail nicht berücksichtigt und somit die dargebotene Reduktion des Aufwands nicht in ihr Entscheidungskalkül miteinbezogen.

Hypothese 6 formuliert einen positiven Zusammenhang zwischen der zunehmenden Anonymität in einem Beschwerdekanal und der rachsüchtigen Beschwerde. Dieser Effekt kann klar bestätigt werden. Somit verringert die Anonymität in dem jeweiligen Medium das Bewusstsein, dass man persönlich in einer zwischenmenschlichen Interaktion steht und reduziert das Verantwortungsgefühl der interagierenden Person. Die daraus folgenden Handlungen bzw. verbalen Äußerungen können ungezügelter sein und begünstigen so die rachsüchtige Beschwerde *(s. auch Kapitel 2.8.1 bzw. Kapitel 3.1.3)*. Dass via E-Mail die rachsüchtige Beschwerde so stark vertreten ist, ist nicht verwunderlich, wenn man sich Studien zu dem Phänomen des *Flaming* betrachtet. Es kann dabei als verbale Attacke ggü. Personen oder Unternehmen gesehen werden und zeigt sich häufig in vulgärer Ausdrucksweise und Beleidigungen.[436] Bereits *Sproull/Kiesler* erkennen, dass via E-Mail das Flaming wesentlich häufiger genutzt wird als bei der FTF-Kommunikation.[437] Ebenso bestätigen *Jessup/Connolly/Galegher*, dass bei der Nutzung der computergestützten Kommunikation die Anonymität zu mehr kritischen Kommentaren führt.[438] Auch *Reinig/Briggs/Nunamaker* weisen nach, dass die Anonymität im computerbasierten Gespräch die Bereitschaft für das *Flaming* erhöht.[439] Ebenso stützen *Dietz-Uhler/Bishop-Clark* die Ergebnisse dieser Studie, indem sie herausfinden, dass je höher der Grad der Deindividuation bzw. der Anonymität innerhalb einer Diskussion ist, umso ungezügelter ist das daraus resultierende Verhalten.[440] Dies deckt sich abermals mit den erhaltenen Ergebnissen der hier vorliegenden Studie. Zusammenfassend können die Anonymität und die Abwesenheit sozialer Reize in einem Beschwerdekanal als klarer Treiber eines rachsüchtigen Verhaltens ggü. dem Anbieter identifiziert werden. In der Herleitung wird die Hypothese zusätzlich mit der Begründung der Synchronität bzw. Interaktivität eines Mediums verstärkt. Die Tatsache, dass die rachsüchtige

436 Vgl. Reinig/Briggs/Nunamaker (1998), S. 45.
437 Vgl. Sproull/Kiesler (1986), S. 1508.
438 Vgl. Jessup/Connolly/Gallegher (1990), S. 318.
439 Vgl. Reinig/Briggs/Nunamaker (1998), S. 50.
440 Vgl. Dietz-Uhler/Bishop-Clark (2002), S, 30.

Beschwerde am häufigsten in der E-Mail, weniger häufig am Telefon und am seltensten in der persönlichen Kommunikation auftaucht, stützt sowohl die Anonymität als auch die Asynchronität als zusätzliche Determinante für ein rachsüchtiges Beschwerdeverhalten. Diese Aussage ist abermals kongruent mit den Ergebnissen der bereits erwähnten Studie von *Mattila/Wirtz*. Sie bestätigen, dass zum Ablassen der Wut v.a. nicht-interaktive Medien von den Probanden gewählt werden. Der Grund dafür ist die Vermeidung eines eventuell antizipierten Schamgefühls einer unangenehmen Situation.[441]

Experiment 2

Innerhalb des zweiten Experiments wird zunächst bestätigt, dass mit steigendem Fehlerausmaß die Verhaltensabsicht der hilfesuchenden negativen Mundpropaganda zunimmt *(H_3)*. Neben der *Cognitive Appraisal Theory* als Basis dient die *Social Support Theory* zur Herleitung. Aus den Ergebnissen wird klar, dass die soziale Unterstützung im Fehlerfall einen wichtigen Bestandteil der Bewältigungsstrategie beim Konsumenten ausmacht. Je weniger eine Erwartung, die mit dem Service in Verbindung steht, erfüllt wird, umso stärker suchen Personen externe Hilfe zur Regulierung ihrer Emotionen. *Wetzer/Zeelenberg/Pieters* identifizieren u.a. in ihrer Studie zwei Motive, die das NWOM begünstigen. Diese sind Unsicherheit sowie Enttäuschung.[442] Es ist intuitiv ableitbar, dass mit erhöhtem Fehlerausmaß auch der Grad der Enttäuschung in Bezug auf den nicht erfüllten Service steigt. Des Weiteren wächst auch die Unsicherheit, wie das Problem gelöst bzw. wie emotional damit umgegangen werden kann. Damit ist die positive Verbindung zwischen dem Fehlerausmaß und dem hilfesuchenden NWOM eine logische Konsequenz. *Gelbrich* bestätigt dazu, dass Individuen insbesondere nach sozialer Unterstützung suchen, wenn ein Problem unlösbar bzw. unveränderbar erscheint.[443] Je schwerwiegender ein Fehler ist, umso schwieriger kann sich die anschließende Lösung gestalten. Damit besteht ein enger Zusammenhang zwischen ihren Ergebnissen und den Resultaten der hier vorliegenden Studie in Bezug auf das Fehlerausmaß und die daraus resultierende stärkere Suche nach sozialer Unterstützung auf emotionaler Ebene.

Darüber hinaus wird ebenfalls der fördernde Einfluss des steigenden Fehlerausmaßes auf das rachsüchtige NWOM *(H_4)* gestützt. Je stärker sich der Fehler gestaltet, umso höher sind somit

---

441 Vgl. Mattila/Wirtz (2004), S. 152.
442 Vgl. Wetzer/Zeelenberg/Pieters (2007), S. 672.
443 Vgl. Gelbrich (2010), S. 579.

auch die indirekten rachsüchtigen Intentionen. Damit kann auch hier der Drang nach ausgleichender Gerechtigkeit und der daraus resultierenden Emotionsreduktion über die psychologische Komponente der Rache validiert werden. *Swanson/Hsu* stützen die positive Verbindung zwischen Fehlerausmaß und dem NWOM in ihrer Studie. Sie stellen fest, dass mit stärker ausgeprägtem Fehlerausmaß die Wahrscheinlichkeit steigt, dass ein Ereignis ggü. Anderen berichtet wird. Dies geschieht meist in einem größeren interpersonellen Netzwerk.[444] Auch *Grégoire/Laufer/Tripp* bestätigen den positiven Einfluss des Fehlerausmaßes auf das indirekte Racheverhalten per NWOM.[445] Als Treiber kann in der hier vorliegenden Studie die entstehende Wut identifiziert werden. Dies ist abermals konsistent mit den Ergebnissen von *Gelbrich.* Sie erklärt, dass v.a. im Falle von Wut und empfundener Hilflosigkeit das rachsüchtige NWOM gefördert wird.[446] Als zusätzliches Motiv des NWOM können ebenso altruistische Intentionen dienen. Eines der Items im gemessenen Konstrukt enthält solche Eigenschaften (*Ich würde mit anderen Leuten über meine negativen Erfahrungen sprechen, um andere zu warnen, die Zeitung nicht bei diesem Verleger zu abonnieren.).* Da die Reliabilität dieses Konstruktes sehr hoch ist, sehen die Konsumenten dieses Item ebenfalls als gleichbedeutend mit den anderen an. Damit kann gefolgert werden, dass die altruistische Motivation ebenfalls eine tragende Rolle beim rachsüchtigen NWOM spielt.

Vergleicht man beide Formen des NWOM innerhalb der Studie global, so wird klar, dass die hilfesuchende Komponente in beiden Stufen des Fehlerausmaßes wesentlich stärker ausgeprägt ist als die rachsüchtige. Das bedeutet wiederum, dass Konsumenten eher in ihrem näheren Umfeld nach Verständnis suchen, statt sich indirekt am Unternehmen über NWOM zu rächen. Kurz gesagt, der Fokus beim NWOM liegt darauf, konstruktive bzw. direkte emotionale Hilfe von anderen in Anspruch zu nehmen, statt die Reduktion negativer Emotionen über einen Akt indirekter Rache zu erreichen. Vergleicht man darüber hinaus die MW des rachsüchtigen NWOM mit denen der rachsüchtigen Beschwerde (direkte Rache), stellt man fest, dass die indirekte Rache bevorzugt wird. Diese Erkenntnis kann schwerwiegende Folgen für Unternehmen haben, die in den Implikationen für die Praxis genauer betrachtet werden.

444 Vgl. Swanson/Hsu (2011), S. 522.
445 Vgl. Grégoire/Laufer/Tripp (2010), S. 748 ff.
446 Vgl. Gelbrich (2010), S. 579.

Zu H_7 und H_8 wird basierend auf dem *Love Is Blind Effect* eine abschwächende Wirkung der MI auf das Fehlerausmaß hergeleitet. Da das steigende Fehlerausmaß, wie in *Abschnitt 3.1.2* beschrieben, fördernd auf beide Konstrukte wirkt und sich der vermutete abschwächende Effekt direkt auf das Fehlerausmaß bezieht, sind die zwei Hypothesen gemeinsam hergeleitet worden. In beiden Fällen (H_7 und H_8) kann der dämpfende Effekt einer hohen MI nicht nachgewiesen werden. Daraus folgt, dass die postulierte positive verzerrte Wahrnehmung bei Aufnahme und Interpretation eines Service-Fehlers durch eine hohe Identifikation mit einer Marke nicht bestätigt werden kann. Damit erfährt der *Love Is Blind Effect* keine empirische Unterstützung. In Bezug auf H_7 ist lediglich der direkte Effekt des Fehlerausmaßes signifikant *(s. H_3)*. Da dieser bereits erläutert wurde, kann direkt mit der Interpretation der nächsten Hypothese fortgefahren werden.

Bei *Hypothese 8* lässt sich ein klarer signifikanter Interaktionseffekt ausmachen. Allerdings wirkt sich dieser nicht aus wie in der Hypothese vermutet, sondern in die gegenteilige Richtung. Es wird anhand der Werte deutlich, dass es sich um einen ordinalen Interaktionseffekt handelt. Die grafische Darstellung dieses Interaktionseffektes erfolgt in *Abbildung 4*.

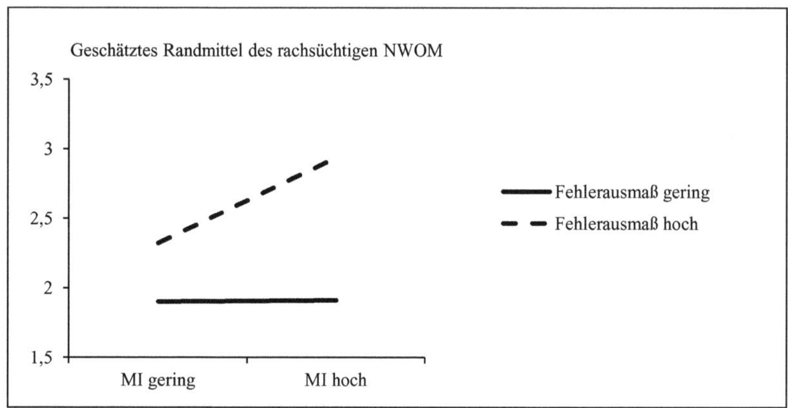

Abbildung 4: Interaktionseffekt Fehlerausmaß x MI beim rachsüchtigen NWOM[447]

[447] Eigene Darstellung.

Detailliert betrachtet, zeigt sich bei niedrigem Ausmaß des Fehlers ein sehr geringer nicht signifikanter Unterschied zwischen beiden MW bei niedriger und hoher MI für das rachsüchtige NWOM. Wechselt das Fehlerausmaß auf ein hohes Niveau, ist ein deutlicher Unterschied erkennbar, der darüber hinaus auch statistisch signifikant ist. Somit kann konstatiert werden, dass im Falle eines niedrigen Fehlerausmaßes die MI kaum eine Rolle spielt. Übersteigt das Fehlerausmaß die Grenze zu einem schwerwiegenden Fehler, so äußern sich Konsumenten, die sich stark mit der Marke identifizieren, rachsüchtiger ggü. anderen. D.h., der bereits in der Herleitung angesprochene *Love Becomes Hate Effect* tritt ein. Dieser kann allerdings nur für ein hohes Fehlerausmaß bestätigt werden. Eine Erklärung dafür liefern die womöglich anspruchsvolleren Erwartungen, die Konsumenten mit hoher MI an die Bereitstellung eines Services stellen. Diese werden bei einem hohen Fehlerausmaß drastischer enttäuscht.[448] In der Konsequenz resultiert eine stärkere rachsüchtige Verhaltensweise.

Dieses Ergebnis kann die Resultate von *Grégoire/Fisher* stützen, die ebenfalls einen Zusammenhang zwischen hoher Markenbeziehungsqualität und dem Bedürfnis zur Rache postulieren. Allerdings kann in ihrer Studie kein signifikanter Einfluss nachgewiesen werden.[449] Sie erklären weiter, dass der *Love Becomes Hate Effect* v.a. dann eintritt, wenn das Unternehmen den Fehler hätte kontrollieren können bzw. für den Fehler verantwortlich ist.[450] Auch diese Aussage kann gestützt werden. Anhand eines Single-Items wurde im Fragebogen geprüft, ob der aufgetretene Fehler aus Probandenperspektive in den Verantwortungsbereich des Unternehmens fällt. Mit einem MW von 5,3 (±1,579) schreiben die Probanden den im Szenario dargestellten Service-Fehler klar dem Unternehmen zu. Somit ist dieses für den auftretenden Service-Fehler verantwortlich. Daher tritt, wie *Grégoire/Fisher* vermuten, der *Love Becomes Hate Effect* ein. Es bleibt also festzuhalten, dass die MI als eine Art Puffer für schlechte Erfahrungen mit einem Unternehmen, wenn überhaupt, nur im Falle eines geringen Fehlerausmaßes dienen kann oder wenn das Unternehmen aus Konsumentensicht keine Verantwortung für den Fehler trägt.

---

448 Vgl. Grégoire/Fisher (2006), S. 35 f.
449 Vgl. Grégoire/Fisher (2006), S. 42 f.
450 Vgl. Grégoire/Fisher (2006), S. 42 f.

Um darüber hinaus weitere Erkenntnisse zur Kanalwahl im Beschwerdefall zu erlangen, wurde die Frage nach der Kanalwahl in Abhängigkeit der verschiedenen Beschwerdemotive im Fragebogen abgefragt. *Tabelle 21* stellt die erhaltenen Ergebnisse übersichtlich dar.

Vorgegebenes Beschwerdemotiv	Mittelwert
Konstruktive Beschwerdeabsicht ggü. dem Anbieter	Mail: 5,30, Telefon: 5,25, Persönlich: 2,52
Destruktive Beschwerdeabsicht ggü. dem Anbieter	Telefon: 5,16, Mail: 4,95, Persönlich: 2,67
Destruktive Beschwerdeabsicht ggü. Freunden, Bekannten, Verwandten	Persönlich: 5,77, Telefon: 3,53, E-Mail: 1,72

Tabelle 21: Ergebnisse zur Kanalwahl in Abhängigkeit verschiedener Beschwerdemotive[451]

Im Rahmen des präsentierten Szenarios waren die Beschwerdekanäle vorgegeben und die Probanden mussten sich lediglich zur Art ihrer Beschwerdeintention äußern. Im zweiten Teil des Fragebogens wurde dann anschließend die Kanalwahl in Abhängigkeit des Beschwerdemotivs abgefragt. Folgende Ergebnisse können dabei festgehalten werden: Bei einer konstruktiven Beschwerdeabsicht bevorzugen die Befragten die E-Mail ggü. dem Telefon. Somit präferieren sie den Kanal mit geringerer (medialer) Reichhaltigkeit. Eine mögliche Begründung für dieses Ergebnis kann schlichtweg darauf zurückzuführen sein, dass die nicht gelieferte Zeitung kein komplexes Problem für die Probanden darstellt. In diesem Fall muss lediglich geklärt werden, warum die Zeitung nicht kam und dafür gesorgt werden, dass diese in Zukunft wieder ordnungsgemäß ausgeliefert wird. Daher reicht der geringe Reichhaltigkeitsgrad einer E-Mail aus, um das Problem zu schildern und anschließend zu lösen. Während bei Vorgabe des Beschwerdekanals die E-Mail die höchsten Werte bei der rachsüchtigen Beschwerde erzielt, kann bei der freien Kanalwahl festgestellt werden, dass die Probanden das Telefon ggü. der E-Mail beim Ablassen des Ärgers vorziehen. Somit besteht ein Unterschied zwischen dem Verhalten bei vorgegebenem Beschwerdekanal und der Wahl des Kanals vor dem Hintergrund einer bestimmten Beschwerdeintention. Womöglich nehmen Probanden an, dass sie mit einer E-Mail ihre erlebten negativen Gefühle nicht in dem Ausmaß

451 Vgl. Eigene Darstellung.

dem Anbieter präsentieren können, wie sie es möchten. Bei Nutzung des Telefons dagegen haben sie die Möglichkeit, ihre negativen Emotionen besser zum Ausdruck zu bringen.

Für eine unternehmensbezogene Beschwerde wird das persönliche Gespräch wesentlich seltener als die beiden anderen Kanäle gewählt. Dies kann auf das geringe Involvement im Falle der Zeitungslieferung und auf den hohen (psychologischen) Aufwand, der mit einer persönlichen Beschwerde einhergeht, zurückgeführt werden. Bei einer Dienstleistung, die einen höheren Involvement-Grad mit sich bringt und einer daraus resultierenden Beschwerde, ist die Wahrscheinlichkeit wohl wesentlich höher, dass sich Konsumenten persönlich sowohl konstruktiv als auch rachsüchtig ggü. dem Anbieter äußern. Abschließend bleibt zu erwähnen, dass für die destruktive Beschwerdeabsicht ggü. Anderen das zwischenmenschliche Gespräch mit Freunden und Bekannten am häufigsten gewählt wird. Darauf folgt das Telefon und anschließend die E-Mail. Damit wird klar, dass Individuen, im Rahmen dieser Studie, in Bezug auf das NWOM, den FTF-Kontakt klar bevorzugen. Nachdem nun die Interpretation der Ergebnisse erfolgt ist, können die gewonnenen Erkenntnisse in einem nächsten Schritt auf die Unternehmenspraxis übertragen und konkrete Handlungsempfehlungen abgeleitet werden.

4.10 Implikationen für die Praxis und Konsequenzen für das Beschwerdehandling

Wie sich durch die empirische Auswertung der Studie bestätigt hat, stellt das Fehlerausmaß einen zentralen Treiber der hier untersuchten Beschwerdearten dar. Mit dieser Erkenntnis ist es für Unternehmen von großer Bedeutung zu verstehen, was einen schwerwiegenden Fehler ausmacht. Dazu ist es notwendig den Kunden sowie sein Feedback in die Unternehmensprozesse zu integrieren. Ein Service-Fehler definiert sich immer über die Erwartungen der Kunden *(s. Kapitel 2.2)*. Daher stellt eine Kundenbefragung zu Vorstellungen verbunden mit dem Service, einen ersten Ansatzpunkt dar, mit dem das Fehlerausmaß auf einem niedrigen Niveau gehalten werden kann. Kennen Unternehmen die Toleranzgrenzen ihrer Kunden in Bezug auf die fehlerhafte Bereitstellung einer Dienstleistung, können Anbieter gezielte Verbesserungen in den kritischen Bereichen vornehmen. Daneben ist es Aufgabe des Unternehmens, die Erfüllung des angebotenen Services regelmäßig zu überprüfen, um so ein gewisses Level an Service-Qualität garantieren zu können. Mit diesen beiden Handlungsempfehlungen kann in einem ersten Schritt gewährleistet werden, dass durch ein geringes auftretendes Fehlerausmaß die konstruktive Bereitschaft der Kunden zur Beschwerde gefördert und das NWOM gleichzeitig verringert wird.

Aus den Ergebnissen dieser Untersuchung wird weiterhin klar, dass die allgemein hohe Bereitschaft zur konstruktiven Beschwerde mit steigendem Fehlerausmaß sinkt. An dieser Stelle müssen Anbieter für Konsumenten Anreize setzen, sich auch bei schwerwiegenden Fehlern konstruktiv zu beschweren. Diese Form der Beschwerde gibt Unternehmen die Möglichkeit Schwachstellen der angebotenen Services und Produkte durch die gezielte Kritik eines Kunden ausfindig zu machen und zu verbessern. Dadurch kann u.a. eine höhere Kundenbindung erzielt werden. Um dies erreichen zu können, müssen Anbieter ihre Philosophie der gemeinsamen Problemlösung mit dem Kunden bewerben und Kunden bspw. finanzielle Vorteile oder Zusatzleistungen als Folge einer erfolgreichen Zusammenarbeit offerieren. Dies kann u.U. zusätzlich das PWOM fördern, wenn die Bearbeitung aus Kundensicht zufriedenstellend war und somit einen Beitrag zum Unternehmenserfolg leisten *(s. auch Kapitel 2.6)*.

Der positive Einfluss des steigenden Fehlerausmaßes, sowohl auf das hilfesuchende als auch auf das rachsüchtige NWOM, ist ein eindeutiges Zeichen dafür, dass sich Kunden mit stärkerer Fehlerwahrnehmung vermehrt an externe Entitäten wenden, die nicht mit dem Unternehmen in Verbindung stehen. Ziel der Kunden ist es dabei, ihre Emotionen über das Ablassen von z.B. Wut zu regulieren oder die direkte emotionale Unterstützung durch ein Gespräch zu suchen. Um verhindern zu können, dass sich Konsumenten an Dritte wenden und durch rachsüchtiges NWOM dem Ruf des Anbieters schaden, sollten Unternehmen ihren Kunden die Möglichkeit geben, sich besonders zur Regulierung ihrer Emotionen an die Firma zu richten. Erst danach liegt der Fokus auf der materiellen Kompensation bzw. der sachlichen Problemlösung. Ein Grund, wieso sich wütende bzw. frustrierte Kunden an andere Menschen wenden, kann laut *Gelbrich* die wahrgenommene Hilflosigkeit sein, die womöglich mit dem Fehlerausmaß steigt. Hierbei muss es klar die Aufgabe des Anbieters sein, neben Wut und Frustration, das Gefühl der Hilflosigkeit zu reduzieren, um so das NWOM zu verhindern.[452] Eine innovative Möglichkeit zur Reduktion damit verbundener Unsicherheit kann die Vorgabe von *What-if*-Szenarien sein, bei denen Kunden gezeigt wird, wie sich ein Fehler auswirkt

[452] Vgl. Gelbrich (2010), S. 580.

und was in diesem Fall getan wird.[453] Wenn sich ein Konsument beim Auftreten eines Fehlers sicher ist, dass sein Problem auch von der Firma zufriedenstellend behoben wird, kann dies seine Racheintentionen sowie seine NWOM-Absicht deutlich reduzieren.

Mit Hilfe der durchgeführten Untersuchung konnte herausgefunden werden, dass das direkte rachsüchtige Beschwerdeverhalten sehr gering ausgeprägt ist. Ein Anbieter sollte auch die rachsüchtige Beschwerde, die Kunden direkt an das Unternehmen richten, fördern, um diese proaktiv zur Emotionsregulierung anzuregen. Die Förderung der direkten Beschwerde, auch wenn sie keine konstruktive Diskussion mit sich bringt, hat nach *Nyer/Gopinath* den Vorteil, dass sich Konsumenten nach der Äußerung ihrer Unzufriedenheit ggü. dem Anbieter weniger stark per NWOM mitteilen.[454] Wenden sich Kunden an das Unternehmen, besteht zudem noch die Möglichkeit, dass ihnen Mitarbeiter bei der Bewältigung ihrer Problemsituation helfen. Da womöglich andere Kunden ähnliche Probleme erfahren und somit vergleichbare Emotionen entwickelt haben, sind Mitarbeiter schon darauf eingestellt und können entsprechend reagieren.

Aus der Betrachtung der Ergebnisse zu den Beschwerdekanälen ergeben sich weitere Implikationen für die Praxis. Die Reichhaltigkeit eines Mediums hat laut dieser empirischen Untersuchung keinen Einfluss auf die problemlösende Beschwerde. Somit sehen Kunden keinen Vorteil in reichhaltigeren Medien, der ihre konstruktive Beschwerdebereitschaft erhöht. Mit dieser Erkenntnis müssen Unternehmen nicht zwangsläufig den FTF-Kanal als Beschwerdemöglichkeit anbieten, um möglichst viel konstruktive Kritik zu erhalten. Dies spart aus Unternehmenssicht Ressourcen wie Zeit und Geld. Da bei Bereitstellung des Telefons die Absicht einer problemlösenden Beschwerde am höchsten ist, sollte dieser Kanal selbstverständlich zur Verfügung gestellt werden. Das Telefon vereint auf gewisse Weise die positive Eigenschaft einer direkten Verbindung mit einem bestimmten Grad an Anonymität, sodass sowohl für die konstruktive als auch für die rachsüchtige Kritik eine besondere Eignung festgestellt werden kann. Um die Beschwerdestimulation maximal zu fördern, sollte die Telefon-Hotline darüber hinaus möglichst kostenfrei angeboten werden.[455]

[453] Vgl. Johnson/Bardhi/Dunn (2008), S. 435.
[454] Vgl. Nyer/Gopinath (2005), S. 945.
[455] Vgl. Stauss/Seidel (2002), S. 105.

Unabhängig vom Fehlerausmaß beschweren sich Konsumenten besonders rachsüchtig bei der Bereitstellung des anonymen Online-Kanals. Aus Unternehmenssicht kann dies sowohl Vor- als auch Nachteile mit sich bringen. Zunächst ermöglicht es Angestellten sich zeitversetzt zu einer E-Mail zurückzumelden. Damit können Mitarbeiter Überlegungen treffen, wie genau sie auf die vorliegende Beschwerde eingehen, welche Aspekte angesprochen werden und wie sie den Kunden beruhigen können. Darüber hinaus ist es ihnen möglich mit anderen Mitarbeitern im Unternehmen Rücksprache zu halten und so gemeinsam eine geeignete Lösung zu finden. Dies kann einen Weg darstellen die rachsüchtige Beschwerde den Kundenvorstellungen entsprechend zu bearbeiten. Der Nachteil der E-Mail als asynchrones Kommunikationsmittel ergibt sich daraus, dass zwischen Versand einer E-Mail von Kundenseite und Antwort des Anbieters eine gewisse Zeit vergeht, in der der Kunde möglicherweise NWOM verbreitet. Daher gilt hier, dass die Beantwortung der E-Mails so zeitnah wie möglich geschehen sollte. Durch die Leichtigkeit der Nutzung des Internets ist der Schritt von einer E-Mail zu einem Post in einem sozialen Netzwerk wie Facebook oder die Bekanntmachung des Unmutes via Twitter nur sehr klein. Auch ist die Hemmschwelle für eine solche negative Äußerung sehr gering. Aufgrund der enormen Reichweite sozialer Netzwerke ist es für Unternehmen wichtig, das elektronische NWOM möglichst im Ansatz zu verhindern. Ist dies nicht machbar, müssen Wege gefunden werden, um auf negative Posts adäquat zu antworten.[456] Als wesentliche Erkenntnis bleibt zusammenfassend festzuhalten, dass Unternehmen in der heutigen Zeit auf alle Fälle das Telefon und die E-Mail als Beschwerdekanal anbieten sollten, um direkte Beschwerden zu begünstigen und mögliches NWOM zu verhindern. Firmenseiten in sozialen Netzwerken sowie Internet-Communities als Beschwerdeplattform sollten nur genutzt werden, wenn diese auch aktiv und regelmäßig vom Unternehmen bespielt werden.

Die Existenz des *Love Becomes Hate Effect* in Verbindung mit dem rachsüchtigen NWOM stellt eine besondere Herausforderung für jedes Unternehmen dar. Grundsätzlich führt eine starke Markenbeziehung zu positiven Ergebnissen sowohl auf Konsumenten- als auch Firmenseite.[457] Mit dem Nachweis, dass eine höhere MI bei stärkerem Fehlerausmaß negative Folgen für das Unternehmen haben kann, gilt es diesem Teil der Kunden besondere Beachtung zu schenken. Unternehmen können sich nicht darauf verlassen, dass die positive Beziehung eines Konsumenten zu einem Anbieter automatisch einen abschwächenden Effekt für

[456] Vgl. Hennig-Thurau et al. (2010), S. 317.
[457] Vgl. Stokburger-Sauer (2010), S. 347.

zukünftige Fehler darstellt *(s. Kapitel 3.2)*. Zunächst müssen die Kunden identifiziert werden, die sich besonders stark über eine Marke definieren. Solche *Fans* der Marke kann man in realen oder virtuellen Brand-Communities finden. Diese Zielgruppe muss anschließend verstärkt in das Unternehmen eingebunden werden, sodass deren Bedürfnisse besondere Berücksichtigung erfahren. Es gilt bei diesen Kunden mit hoher MI, aufgrund des stärkeren Rachebedürfnisses, schwerwiegende Fehler möglichst zu vermeiden. Für Unternehmen richtet der *Love Becomes Hate Effect* zweifach Schaden an: Da Konsumenten, die sich stark mit einer Marke identifizieren, diese auch häufiger weiterempfehlen (PWOM),[458] geht bei dem rachsüchtigen NWOM nicht nur der positive Effekt des PWOM verloren, sondern es kommen zusätzlich die negativen Konsequenzen des NWOM hinzu. Neben den eben ausgeführten Empfehlungen für die praktische Anwendung im Unternehmen leistet diese Studie auch einige Erkenntnisbeiträge zur Forschung und zeigt im nächsten Kapitel auf, welche weiteren Untersuchungsgebiete für das Beschwerdeverhalten hohe Relevanz besitzen.

4.11 Implikationen für die Forschung

Nach eingängiger Literaturrecherche kann kein bisheriges Modell ausgemacht werden, das die hier präsentierten Beschwerdearten direkt in Verbindung mit dem auftretenden Fehlerausmaß setzt und darüber hinaus die MI berücksichtigt. Auch das abgefragte kanalspezifische Beschwerdeverhalten in Bezug auf das Unternehmen findet in der bisherigen Forschung nur wenig Berücksichtigung *(s. Kapitel 1)*. Die hier durchgeführte Studie kann durch die Aufnahme der eben genannten Faktoren in den Versuchsaufbau einen wertvollen Beitrag zu dem Untersuchungsgebiet der Beschwerdeforschung leisten und einen Teil dieser bestehenden Forschungslücke schließen. Für die Differenzierung des Beschwerdeverhaltens im Hinblick auf die unternehmensbezogene Beschwerde und die Beschwerde ggü. anderen Mitmenschen dient als Basis die ursprüngliche Typologie von *Singh*, die im Bereich der *Voice Response* und der *Private Response* erweitert wird.[459] Nach dem Vorbild von *Gelbrich* wird die unternehmensbezogene Beschwerde in die problemlösende und die rachsüchtige Beschwerde aufgeschlüsselt sowie das NWOM in eine rachsüchtige und eine hilfesuchende Komponente aufgeteilt.[460] Das theoretische Konstrukt der *Cognitive Appraisal Theory* dient dabei als

[458] Vgl. Kuenzel/Halliday (2008), S. 300.
[459] Vgl. Singh (1988), S.101.
[460] Vgl. Gelbrich (2010), S. 568.

Grundlage zur Erklärung der verschiedenen Beschwerdeformen auf Basis von Bewältigungsstrategien negativer Emotionen.

Mit der Verwendung des Fehlerausmaßes als Faktor ergibt sich die Erkenntnis, dass dieses einen negativen Einfluss auf die problemlösende Beschwerde hat. Darüber hinaus kann sowohl eine fördernde Wirkung des Ausmaßes des Fehlers auf das hilfesuchende NWOM als auch auf die beiden Konstrukte der Rache konstatiert werden. Da die vorgefundenen Effekte für die problemlösende Beschwerde, sowie für das hilfesuchende NWOM, sehr gering und für die rachsüchtige Beschwerde nicht signifikant sind, ist es Aufgabe weiterer Studien, die hier vorliegenden Ergebnisse empirisch zu validieren. Dazu kann es notwendig sein, die Stichprobengröße zu erhöhen, sodass die Effekte einen höheren Grad an Signifikanz aufweisen. Darüber hinaus ist es sinnvoll, die verwendeten Konstrukte z.B. in ein Strukturgleichungs-Modell zu integrieren und somit eine andere Analysemethode zu wählen. Der mittelstarke Effekt des Fehlerausmaßes auf das rachsüchtige NWOM ist eindeutig nachweisbar, womit sich die Frage stellt, wie dieses Konsumentenverhalten unterbunden oder vielleicht sogar in PWOM umgewandelt werden kann. Dazu sollten zunächst neben dem Fehlerausmaß weitere Faktoren wie das Vertrauen, die bisherige Erfahrung mit dem Unternehmen oder der Involvement-Grad des Services in eine Folgeuntersuchung aufgenommen werden. Damit kann beobachtet werden, wie sich diese Faktoren auf das rachsüchtige NWOM auswirken. Es ist bspw. denkbar, dass das Vertrauen zu einem Anbieter das rachsüchtige NWOM verringert oder auch die Bereitschaft zur konstruktiven Problemlösung erhöht.

Innerhalb dieser Studie kann weiterhin ein positiver Zusammenhang zwischen dem Fehlerausmaß und der resultierenden Wut gefunden werden. Das letztgenannte Konstrukt stellt die einzige Emotion dar, die direkt abgefragt wurde. Daher ist es sinnvoll wesentlich mehr Emotionen und diese auch in detaillierter Form in weitere Untersuchungen einzubinden. Einige Studien integrieren diese bereits *(s. Kapitel 2.4)*. Es sollten dabei nicht nur Wut und Unzufriedenheit berücksichtigt werden, sondern auch andere Emotionen, wie z.B. das Bedauern einer Entscheidung für die Inanspruchnahme eines Services *(Regret)* oder die Angst vor einer unangenehmen Beschwerdeantwort des Unternehmens. Ein weiterer Forschungsansatz könnte ebenso die Wechselwirkungen zwischen ursprünglich positiven Emotionen, die im Vorfeld mit der Firma oder einer Marke assoziiert werden, und den aus dem Service-Fehler resultierenden negativen Emotionen berücksichtigen. Darauf aufbauend ist es zudem sinnvoll diverse Persönlichkeitsvariablen in eine solche Untersuchung einzuschließen. Ein Beispiel dafür können die *Big-Five-Faktoren* sein, die häufig in der Psychologie zur Persönlichkeitsbeschreibung genutzt werden. Hierbei können sowohl die Interaktionen zwischen den Persönlichkeitscharakteristika mit bestimmten Emotionen sowie der Zusammenhang zwischen Beschwerdeverhalten und Persönlichkeitszug von Bedeutung sein. Damit ist es möglich das Modell verschiedener Beschwerdetypen von *Singh* zu erweitern.[461] Da innerhalb der durchgeführten Untersuchung jeder Proband seinen Grad der Zustimmung zu den vier verschiedenen Beschwerdearten gibt, kann es weiterhin interessant sein zu sehen, wie sich Probanden entscheiden, wenn sie sich auf eine Beschwerdeform bzw. Bewältigungsstrategie festlegen müssen. Dieser Trade-Off kann einen exakteren Aufschluss darüber geben, ob bspw. beim NWOM die Rachekomponente oder doch das Element des Hilfesuchens die dominante Rolle spielt.

Die Reichhaltigkeit eines Beschwerdekanals hat keinen Einfluss auf das problemlösende Beschwerdeverhalten, wie sich in dieser Untersuchung herausstellt. Somit kann die *Media-Richness Theory* und ihr fördernder Einfluss auf eine konstruktive Beschwerde nicht bestätigt werden. Damit bleibt die Frage offen, welche anderen Kanaleigenschaften eine problemlösende Beschwerde fördern können. Bei der freien Abfrage nach der Kanalwahl in Abhängigkeit der Beschwerdeintention wird deutlich, dass Konsumenten am ehesten den E-Mail-Kanal für eine konstruktive Beschwerde nutzen. Um sich rachsüchtig zu äußern, bevorzugen sie den Telefonkanal. Wie in der Interpretation schon angedeutet, ergibt sich bei Vorgabe des jeweiligen Beschwerdekanals ein umgekehrtes Bild. D.h. bei Nutzung des E-Mail-Kanals ist die Absicht der rachsüchtigen Beschwerde am höchsten und bei Verwendung des Telefonkanals die konstruktive Variante. Somit muss in diesem Fall durch weitere Untersuchungen Klarheit geschaffen werden, wie sich die Bereitstellung eines bestimmten Kanals konkret auf das Beschwerdeverhalten auswirkt bzw. wodurch die Wahl eines Kanals vor dem Hintergrund einer bestimmten Beschwerdeabsicht beeinflusst wird. Dabei sollten insbesondere die Komponenten der Wirtschaftlichkeit eines Kanals (z.B. Leichtigkeit der Nutzung, Reduktion des Aufwands) sowie die für den Konsumenten relevanten psychologischen Folgen bei Nutzung eines Mediums (z.B. höhere wahrgenommene Anonymität, antizipierte Folgen einer direkten

---

461 Vgl. Singh (1990b), S. 88.

Konfrontation) betrachtet werden. Womöglich kann das Beschwerdeverhalten durch die Bereitstellung gewisser Kanäle gefördert werden, sodass sich Konsumenten z.B. häufiger konstruktiv beschweren.

Weiterhin lässt sich konstatieren, dass sich eine hohe MI positiv auf das rachsüchtige Beschwerdeverhalten auswirkt, wenn das Fehlerausmaß steigt. Bei geringem Schweregrad des Fehlers dagegen besteht kein signifikanter Unterschied zwischen niedriger und hoher MI. Daher ist es die Aufgabe zukünftiger Untersuchungen herauszufinden, ob die MI ebenfalls bei geringerem Fehlerausmaß einen Einfluss auf das Beschwerdeverhalten ausübt. Dazu sollten auch die anderen Beschwerdeformen, die dem Unternehmen entgegengerichtet sind (problemlösende und rachsüchtige Beschwerde), miteinbezogen werden. Da die bisherige Forschung ambivalente Ergebnisse zu dem Einfluss einer starken Markenbeziehung auf das Rache- bzw. Beschwerdeverhalten aufweist *(s. Kapitel 3.2)*, und innerhalb dieser Studie der *Love Becomes Hate Effect* auch nur für ein hohes Fehlerausmaß bestätigt werden kann, verstärkt dies die Notwendigkeit weiterer empirischer Untersuchungen zu diesem Sachverhalt.

In Bezug auf die Manipulation der Szenarien ergeben sich noch vielfältige Varianten, die ebenso in die weiterführende Forschung integriert werden sollten. So kann das Fehlerausmaß nicht nur durch die Häufigkeit der nicht-erfüllten Dienstleistung manipuliert werden, sondern ebenfalls der Grad der Erfüllung des Services variieren (in Bezug auf diese Studie z.B. Zeitung wird nicht im Briefkasten geliefert, sondern liegt im Blumenbeet im Vorgarten). Mit Berücksichtigung anderer Services im Untersuchungsdesign ist es zudem möglich den absoluten Wert (monetär oder symbolisch) der Dienstleistung zu differenzieren, woraus sicherlich verschiedene Beschwerdereaktionen resultieren. Als Beispiel kann hier eine Autoreparatur angeführt werden, deren monetärer und symbolischer Wert den einer Zeitungslieferung bei weitem übersteigt. Aufgrund der Komplexität des Themas sowie dem modellierten Versuchsaufbau gehen mit der Untersuchung auch einige Limitationen einher, die es vor dem Hintergrund der gewonnenen Erkenntnisse zu berücksichtigen gilt.

Limitationen innerhalb der Untersuchung

Zunächst wird im Fragebogen ein szenariobasierter Ansatz gewählt. Trotz der bereits in *Kapitel 4.1* erwähnten Vorteile sollte beachtet werden, dass es schwierig sein kann das emotionale und kognitive Involvement, das ein Service-Fehler mit sich bringt, in adäquater Form im Kopf des Konsumenten zu reproduzieren.[462] Daher macht es Sinn eine ähnliche Untersuchung noch einmal mit einer anderen Methode, wie die des Critical-Incident zu prüfen, um die erhaltenen Ergebnisse bestätigen zu können. Darüber hinaus stellt die Befragungsform im Internet eine sehr gute Möglichkeit dar, viele verschiedene Leute kostengünstig und schnell zu erreichen. Allerdings kann hier ebenfalls das Argument angeführt werden, dass Probanden die Fragen ohne großen Fokus auf den tatsächlichen Inhalt beantwortet haben. Hier kann eine Replikationsstudie auf Basis einer mündlichen oder telefonischen Befragung einen wertvollen Beitrag zu den erhaltenen Ergebnissen leisten. Innerhalb des beschriebenen Szenarios sind den Probanden die jeweiligen Beschwerdekanäle zugewiesen worden, um die direkten Effekte des Mediums auf die Beschwerde messen zu können. In der Unternehmenspraxis kann der Kunde in der Regel zwischen diesen frei wählen, sodass die Festlegung auf einen Kanal als einschränkendes Kriterium angesehen wird. Da die Bandbreite an Dienstleistungen enorm hoch ist, und die erbrachten Services auch in ihren Charakteristika schwanken *(s. Kapitel 2.1)*, kann die Betrachtung einer Service-Art nicht ausreichend sein, um allgemeine Schlussfolgerungen auf alle Dienstleistungsbereiche zu übertragen. Damit allgemeingültige Aussagen über das Beschwerdeverhalten im Service-Bereich getroffen werden können, müssen die Modelle und Konstrukte an den jeweiligen Kontext der Dienstleistung angepasst werden. Aufgrund der geringen Reliabilität der problemlösenden Beschwerde wurde in diesem Versuchsaufbau lediglich ein Single-Item zur Operationalisierung verwendet. Dies stellt trotz der in *Kapitel 4.5.1* beschriebenen Eignung eine Einschränkung dar, die die Ergebnisse in Bezug auf dieses Item relativieren können. Ein weiterer Punkt, der als Limitation dient, kann die Tatsache sein, dass kein tatsächliches Verhalten abgefragt wurde, sondern lediglich die Intention einer potenziellen Handlung abgebildet wurde. Daher ist es möglich, dass die wahre Anzahl an Beschwerden in der Realität geringer ausfällt. Darüber hinaus ist die vorliegende Stichprobe ein Studentensample. Dieses unterscheidet sich im Vergleich zur Gesamtpopulation insbesondere in Bezug auf Alter, Bildung und Homogenität,[463] womit die Repräsentativität der Ergebnisse nicht ausnahmslos bestätigt werden. Des Weiteren bezog sich das Sample auf überwiegend deutsche Teilnehmer. Somit ist es schwierig die erhaltenen Ergebnisse zu verallgemeinern und auf andere Länder insbes. außerhalb von Europa zu

[462] Vgl. Grégoire/Fisher (2006), S. 37.
[463] Vgl. Verleegh/Steenkamp (1999), S. 533.

übertragen. Da z.B. das Verhalten des *Support Seeking* kulturell unterschiedlich ist,[464] kann ein interkultureller Vergleich zwischen verschiedenen Beschwerdeformen eine interessante Studie sein, die an diese Untersuchung anknüpft. Nachdem nun Implikationen und Limitationen erläutert wurden, fasst das folgende Kapitel die zentralen Erkenntnisse dieser Arbeit zusammen und schließt mit einem Fazit.

[464] Vgl. Taylor et al. (2004), S. 356.

5 Schlussbetrachtung und Fazit

Mit der zunehmenden Kundenorientierung im Marketing sowie der Einbindung der Konsumenten in die Geschäftsprozesse des Unternehmens, rückt die Beschwerde als zentrales Feedbackelement für Unternehmen stärker in den Fokus der Betrachtung. Das Element der Kundenbeschwerde ermöglicht es Anbietern, die Gründe und Ursachen für Konsumentenreaktionen zu identifizieren. Da das individuelle Verhalten von einer Vielzahl unterschiedlicher Faktoren beeinflusst wird, besteht trotz zahlreicher bereits durchgeführter Untersuchungen weiterhin ein hoher Forschungsbedarf auf diesem Gebiet.

Das Anliegen dieser Studie war es daher, Treiber unterschiedlicher Beschwerdearten systematisch zu analysieren und somit einen Beitrag zum Verständnis des Konsumentenverhaltens bei einem auftretenden Service-Fehler zu leisten. Nachdem die kausalen Zusammenhänge der verwendeten Konstrukte auf theoretischer Basis hergeleitet wurden, erfolgte eine empirische Untersuchung anhand einer Online-Umfrage. Die Varianzanalyse diente dabei als statistisches Instrument zur Prüfung der im Vorfeld aufgestellten Hypothesen. Dabei wurden das Ausmaß des Service-Fehlers sowie die bereitgestellten Beschwerdekanäle des Unternehmens als direkte Determinanten der hilfesuchenden sowie rachsüchtigen Beschwerde untersucht. Zusätzlich berücksichtigte der Versuchsaufbau die moderierende Wirkung der MI in Zusammenhang mit dem NWOM. Den konkreten Untersuchungsgegenstand stellte dabei eine fehlerhafte Zeitungslieferung der *Frankfurter Allgemeinen Zeitung* dar.

Mit der Auswertung der erhaltenen Ergebnisse lässt sich ein negativer Einfluss des zunehmenden Fehlerausmaßes auf die problemlösende Beschwerde feststellen. Des Weiteren kann tendenziell von einer positiven Beziehung zwischen dem Ausmaß des Fehlers und der rachsüchtigen Beschwerde ggü. dem Unternehmen gesprochen werden. Die durchgeführte Analyse zeigt darüber hinaus, dass ein signifikant positiver Zusammenhang zwischen dem Schweregrad des Fehlers und dem hilfesuchenden sowie dem rachsüchtigen NWOM besteht. Das NWOM nimmt eine zentrale Rolle im Service-Kontext sowie im Beschwerdeprozess ein, da es stark negative Konsequenzen für ein Unternehmen mit sich bringt. Dementsprechend ist es für Unternehmen wichtig, das Fehlerausmaß möglichst niedrig zu halten. Dabei gilt es für Unternehmen zu verstehen, was aus Konsumentensicht einen schwerwiegenden Fehler ausmacht und wie Kunden diesen wahrnehmen.

Die Resultate mit Bezug zu den Beschwerdekanälen verdeutlichen weiterhin, dass die Reichhaltigkeit eines Mediums keinen Einfluss auf die problemlösende Beschwerde ausübt. Jedoch zeigen die Ergebnisse der Studie, dass sich die Anonymität innerhalb des Beschwerdekanals positiv auf das rachsüchtige Beschwerdeverhalten ggü. dem Anbieter auswirken kann. Dieses Verhalten sollte Unternehmen beim Umgang mit Kundenbeschwerden bewusst sein.

Im Versuchsaufbau kann kein signifikanter Interaktionseffekt zwischen dem Fehlerausmaß und der MI für das hilfesuchende NWOM gefunden werden. Das rachsüchtige NWOM wird hingegen durch ein hohes Fehlerausmaß bei gleichzeitig hoher MI gefördert. Somit müssen Kunden mit hoher MI identifiziert und deren Bedürfnisse besonders stark in das Unternehmen eingebunden werden. Durch diese Maßnahmen können Unternehmen schwerwiegende Fehler verhindern, auftretende Beschwerden gezielter bearbeiten und Kunden für die Zukunft binden.

Letztendlich bleibt festzuhalten, dass Konsumenten nicht von Natur aus ein hohes Rachebedürfnis haben, sondern dies v.a. durch ein zunehmendes Fehlerausmaß entsprechend gefördert wird. In diesem Kontext müssen Unternehmen verstehen, dass die Bewältigung der auftretenden negativen Emotionen eine Schlüsselkomponente des Verhaltens von Kunden darstellt. Nur wenn es Unternehmen gelingt die Emotionen der Kunden nachvollziehen zu können, ist es möglich, passende Maßnahmen zu entwickeln, um Konsumenten bei der Regulierung dieser Emotionen zu helfen. Dies zeichnet die Basis eines gelungenen Beschwerdemanagements aus. Mit einer daraus resultierenden intensiveren Kundenbindung wird die Grundlage einer langfristigen Kundenbeziehung gelegt, die einen Garant für den zukünftigen Unternehmenserfolg darstellt.

Literaturverzeichnis

Aaker, David A.; Joachimsthaler, Erich (2000): Brand Leadership, New York.

Adams, John S. (1965): Inequity in Social Exchange, in: Advances in Experimental Social Psychology, Vol. 2, pp. 267-299.

Agarwal, Ritu; Prasad, Jayesh (1999): The Antecedents and Consequents of User Perceptions in Information Technology Adoption, in: Decision Support Systems, Vol. 22, No.1, pp. 15-29.

Ahearne, Michael; Bhattacharya, C.B.; Gruen, Thomas (2005): Antecedents and Consequences of Customer-Company Identification: Expanding the Role of Relationship Marketing, in: Journal of Applied Psychology, Vol. 90, No. 3, pp. 574-585.

Ahluwalia, Rohini; Burnkrant, Robert E.; Unnava, H. Rao (2000): Consumer Response to Negative Publicity: The Moderating Role of Commitment, in: Journal of Marketing Research, Vol. 37, No. 2, pp. 203-214.

Algesheimer, René; Dholakia Utpal M.; Hermann Andreas (2005): The Social Influence of Brand Community: Evidence from European Car Clubs, in: Journal of Marketing, Vol. 69, No.3, pp. 19–34.

Alonzo, Mei; Milan, Aiken (2004): Flaming in Electronic Communication, in: Decision Support Systems, Vol. 36, No. 3, pp. 205-213.

AMA (2012): http://www.marketingpower.com/AboutAMA/Pages/AMA%20Publications/AMA%20Journals/Journal%20of%20Marketing/JMmostcitedarticles.aspx#2003-2005, letzter Abruf am: 03.09.2012.

Anderson, Eugene W. (1998): Customer Satisfaction and Word-of-Mouth, in: Journal of Service Research, Vol. 1, No. 1, pp. 5-17.

Anderson, James C.; Narus, James A. (1991): Partnering as a Focused Market Strategy, in: California Management Review, Vol. 33, No. 33, pp. 95-113.

Andreasen, Alan R. (1985): Consumer Responses to Dissatisfaction in Loose Monopolies, in: Journal of Marketing, Vol. 2, No. 2, p. 135-141.

Aronson, Elliot; Wilson, Timothy; Akert, Robin M. (2004): Sozialpsychologie, München.

Ba, Sulin; Whinston, Andrew B; Zhang, Han (2003): Building Trust in Online Auction Markets Through an Economic Incentive Mechanism, in: Decision Support Systems, Vol. 35, No. 3, pp. 273-286.

Backhaus, Klaus; Erichson, Bernd; Plinke, Wulff; Weiber, Rolf (2011): Multivariate Analysemethoden– Eine anwendungsorientierte Einführung, Berlin.

Bagozzi, Richard P.; Edwards, Elizabeth A. (2000): Goal-Striving and the Implementation of Goal Intentions in the Regulation of Body Weight, Psychology & Health, Vol. 15, No. 2, pp. 255-270.

Bagozzi, Richard P.; Gopinath, Mahesh; Nyer, Prashant U. (1999): The Role of Emotions in Marketing, in: Journal of Marketing, Vol. 27, No. 2, pp. 184-206.

Bagozzi, Richard P.; Dholakia, Utpal M. (2006): Antecedents and Purchase Consequences of Customer Participation in Small Group Brand Communities, in: International Journal of Research in Marketing, Vol. 23, No. 1, pp. 45-61.

Bearden, William O.; Teel, Jesse E. (1983): Selected Determinants of Consumer Satisfaction and Complaint Reports, in: Journal of Marketing Research, Vol. 20, No. 1, pp. 21-28.

Berekoven, Ludwig; Eckert, Werner; Ellenrieder, Peter (2009): Marktforschung – Methodische Grundlagen und praktische Anwendung, Wiesbaden.

Bitner, Mary J.; Booms, Bernard H.; Tetreault, Mary S. (1990): The Service Encounter: Diagnosing Favorable and Unfavorable Incidents, in: Journal of Marketing, Vol. 54, No. 1, pp. 71-84.

Blazevic, Vera; Lievens, Annouk (2008): Managing Innovation Through Customer Coproduced Knowledge in Electronic Services: An Exploratory Study, in: Journal of the Academy of Marketing Science, Vol. 36, No. 1, pp. 138-151.

Blodgett, Jeffrey G.; Hill, Donna J. (1997): The Effects of Distributive, Procedural, and Interactional Justice on Postcomplaint Behavior, in: Journal of Retailing, Vol. 73, No. 2, pp. 185-210.

Blodgett, Jeffrey G.; Granbois, Donald H.; Walters, Rockney G. (1993): The Effects of Perceived Justice on Complainants´ Negative Word-of-Mouth Behavior and Repatronage Intentions, in: Journal of Retailing, Vol. 69, No. 4, pp. 399-428.

Bortz, Jürgen; Döring, Nicola (2006): Forschungsmethoden und Evaluation für Human- und Sozialwissenschaftler, Berlin.

Bortz, Jürgen; Schuster, Christoph (2011): Statistik für Human- und Sozialwissenschaftler, Berlin.

Bougie, Roger; Pieters, Rik; Zeelenberg, Marcel (2003): Angry Customers Don´t Come Back, They Get Back: The Experience and Behavioral Implications of Anger and Dissatisfaction in Services, in: Journal of the Academy of Marketing Science, Vol. 31, No. 4, pp. 377-393.

Brock, Christian (2009): Beschwerdeverhalten und Kundenbindung – Erfolgswirkungen und Management der Kundenbeschwerde, Münster.

Brockner, Joel; Tyler, Tom R.; Cooper, Rochelle (1992): The Influence of Prior Commitment to an Institution on Reactions to Perceived Unfairness: The Higher They Are, the Harder They Fall, in: Administrative Science Quarterly, Vol. 37, No. 2, pp. 241-261.

Brosius, Hans-Bernd; Koschel, Friederike; Haas, Alexander (2009): Methoden der empirischen Kommunikationsforschung: Eine Einführung, Wiesbaden.

Bruhn, Manfred (2012): Kundenorientierung – Bausteine für ein exzellentes Customer Relationship Management, München.

Bühl, Joachim (2010): PASW 18 – Einführung in die moderne Datenanalyse, München.

Calder, Bobby J.; Phillips, Lynn W.; Tybout, Alice M. (1982): The Concept of External Validity, in: Journal of Consumer Research, Vol. 9, No. 3, pp. 240-244.

Chebat, Jean-Charles; Slusarczyk, Witold (2005): How Emotions Mediate the Effects of Perceived Justice on Loyalty in Service Recovery Situations: An Empirical Study, in: Journal of Business Research, Vol. 58, No. 5, pp. 664-673.

Chebat, Jean-Charles; Davidow, Moshe; Codjovi, Isabelle (2005): Silent Voices: Why Some Dissatisfied Consumers Fail to Complain, in: Journal of Service Research, Vol. 7, No. 4, pp. 328-342.

Chelminski, Piotr; Coulter, Robin A. (2011): An Examination of Consumer Advocacy and Complaining Behavior in the Context of Service Failure, in: Journal of Services Marketing, Vol. 25, No. 5, pp. 361-370.

Chen, Yubo; Wang, Qi; Xie, Jinhong (2011): Online Social Interactions: A Natural Experiment on Word of Mouth versus Observational Learning, in: Journal of Marketing Research, Vol. 48, No. 2, pp. 238-254.

Cohen, Jacob (1988): Statistical Power Analysis for the Behavioral Sciences, New Jersey.

Cohen, Sheldon; McKay, Garth (1984): Social Support, Stress and the Buffering Hypothesis: A Theoretical Analysis, in: Baum, A; Taylor S.E.; Singer, J.E. (Eds.): Handbook of Psychology and Health, Hillsdale, pp. 253–268.

Constantin, James A.; Lusch, Robert F. (1994): Understanding Resource Management: How to Deploy Your People, Products, and Processes for Maximum Productivity, Oxford.

Cook, David P.; Goh, Chon-Huat; Chung, Chen H. (1999): Service Typologies: A State of the Art Survey, in: Productions and Operations Management, Vol. 8, No. 3, pp. 318-338.

Cortina, Jose M. (1998): What is Coefficient Alpha? An Examination of Theory and Applications, in: Journal of Applied Psychology, Vol. 78, No. 1, pp. 98-104.

Craighead, Christopher. W.; Karwan, Kirk R.; Miller, Janis L. (2004): The Effects of Severity of Failure and Customer Loyalty on Service Recovery Strategies, in: Production and Operations Management, Vol. 13, No. 4, pp. 307–321.

Daft, Richard L.; Lengel, Robert H. (1984): Information Richness: A New Approach to Managerial Behavior and Organization Design, in: Organizational Behavior, Vol. 6, pp. 191-233.

Daft, Richard L.; Lengel, Robert H. (1986): Organizational Information Requirements, Media Richness and Structural Design, in: Management Science, Vol. 32, No. 5, pp. 554-571.

Daft, Richard L.; Lengel, Robert H.; Treviño, Linda K. (1987): Message Equivocality, Media Selection, and Manager Performance: Implications for Information Systems, in: MIS Quarterly, Vol. 11, No. 3, pp. 354-366.

Darley, William K.; Lim, Jeen-Su (1993): Assessing Demand Artifacts in Consumer Research: An Alternative Perspective, in: Journal of Consumer Research, Vol. 20, No. 3, pp. 489-495.

Das Erste (2012): http://www.daserste.de/service/presse-und-forschung/onlinestudie/index.html, letzter Abruf am: 14.09.2012.

Day, Ralph L.; Landon Jr., Laird E. (1977): Toward a Theory of Consumer Complaining Behavior, in: Woodside, Arch G.; Shet, Jagdish N.; Bennett, Peter D. (Eds.): Foundation of Consumer and Industrial Buying Behavior, New York, pp. 425-437.

De Matos, Celso A.; Rossi, Carlos A. (2008): Word-of-Mouth Communications in Marketing: A Meta-Analytic Review of the Antecedents and Moderators, in: Journal of the Academy of Marketing Science, Vol. 36, No. 4, pp. 578-596.

De Matos, Celso; Rossi, Carlos A.; Veiga, Ricardo T.; Vieira, Valter A. (2009): Consumer Reaction to Service Failure and Recovery: The Moderating Role of Attitude Toward Complaining, in: Journal of Services Marketing, Vol. 23, No. 7, pp. 462-475.

Dennis, Alan R.; Fuller, Robert M.; Valacich, Joseph S. (2008): Media, Tasks, and Communication Processes: A Theory of Media Synchronicity, in: MIS Quarterly, Vol. 32, No. 3, pp. 575-600.

DeWitt, Tom; Nguyen, Doan T.; Marshall, Roger (2008): Exploring Customer Loyalty Following Service Recovery: The Mediating Effects of Trust and Emotions, in: Journal of Service Research, Vol. 10, No. 3, pp. 269-281.

Diener, Edward; Fraser, Scott C.; Beaman, Arthur L.; Kelem, Roger T. (1976): Effects of Deindividuation Variables on Stealing Among Halloween Trick-or-Treaters, in: Journal of Personality and Social Psychology, Vol. 33, No. 3, pp. 178-183.

Dietz-Uhler, Beth; Bishop-Clark, Cathy (2002): The Psychology of Computer-Mediated Communication: Four Classroom Activities, in: Psychology and Teaching, Vol. 2, No. 1, pp. 25-31.

Dong, Beibei; Evans, Kenneth R.; Zou, Shaomin (2008): The Effects of Customer Participation in Co-Created Service Recovery, in: Journal of the Academy of Marketing Science, Vol. 36, No. 1, pp. 123-137.

Drosdowski, Günther; Müller, Wolfgang; Scholze-Stubenrecht, Werner; Wermke, Matthias (1990): Der Duden – Das Standardwerk zur deutschen Sprache, Mannheim.

Duhacheck, Adam (2005): Coping: A Multidimensional, Hierarchical Framework of Responses to Stressful Consumption on Episodes, in: Journal of Consumer Research, Vol. 32, No. 1, pp. 41-53.

Dwyer, F. Robert; Schurr, Paul H.; Oh, Sejo (1987): Developing Buyer-Seller Relationships, in: Journal of Marketing, Vol. 51, No. 2, pp. 11-27.

East, Robert; Hammond, Kathy; Wright, Malcolm (2007): The Relative Incidence of Positive and Negative Word of Mouth: A Multi-Category Study, in: International Journal of Research in Marketing, Vol. 24, No. 2, pp. 175-184.

Edvardsson, Bo; Gustafsson, Anders; Roos, Inger (2005): Service Portraits in Service Research: A Critical Review, in: International Journal of Service Industry Management, Vol. 16, No. 1, pp. 107-121.

Edwards, Jeffrey R.; Bagozzi, Richard P. (2000): On the Nature and Direction of Relationships between Constructs and Measures, in: Psychological Methods, Vol. 5, No. 2, pp. 155-174.

Elangovan A.R.; Shapiro, Debra L. (1998): Betrayal of Trust in Organizations, in: The Academy of Management Review, Vol. 23, No. 3, pp. 547-566.

Erlebacher, Albert (1997): Design and Analysis of Experiments Contrasting the Within- and Between-Subjects Manipulation of the Independent Variable, in: Psychological Bulletin, Vol. 84, No. 2, pp. 212-219.

Eschweiler, Maurice; Evanschitzky, Heiner; Woisetschläger, David (2007): Ein Leitfaden zur Anwendung von varianzanalytisch ausgerichteten Laborexperimenten, in: Wirtschaftswissenschaftliches Studium, Vol. 36, No. 12, pp. 546-554.

Festinger, Leon; Pepitone, Albert; Newcomb, Theodore (1952): Some Consequences of De-Individuation in a Group, in: Journal of Abnormal and Social Psychology, Vol. 48, Supplement 2, pp. 382-389.

Fisher, Robert J. (1993): Social Desirability Bias and the Validity of Indirect Questioning, in: Journal of Consumer Research, Vol. 20, No. 2, pp. 303-315.

Flynn, Barbara B.; Schroeder, Roger G.; Sakakibara, Sadao (1994): A Framework for Quality Management Research and an Associated Measurement Instrument, in: Journal of Operations Management, Vol. 11, No. 4, pp. 339-366.

Folkes, Valerie S. (1984): Consumer Reactions to Product Failure: An Attributional Approach, in: Journal of Consumer Research, Vol. 10, No. 4, pp. 398-409.

Folkes, Valerie S.; Koletsky, Susan; Graham, John L. (1987): A Field Study of Causal Inferences and Consumer Reaction: The View from the Airport, in: Journal of Consumer Research, Vol. 13, No. 4, pp. 534-539.

Folkman, Susan; Lazarus Richard S. (1988): Coping as a Mediator of Emotion in: Journal of Personality and Social Psychology, Vol. 54, No. 3, pp. 466-475.

Fornell, Claes (1978): Corporate Consumer Affairs Departments – A Communication Perspective, in: Journal of Consumer Policy, Vol. 2, No. 4, pp. 289-302.

Fornell, Claes; Bookstein, Fred L. (1982): Two Structural Equation Models: LISREL and PLS Applied to Consumer Exit-Voice Theory, in: Journal of Marketing, Vol. 19, No. 4, pp. 440-452.

Fornell, Claes; Westbrook, Robert A. (1979): An Explanatory Study of Assertiveness, Aggressiveness, and Consumer Complaining Behavior, in: Advances in Consumer Research, Vol. 6, No.1, pp. 105-110.

Fournier, Susan (1998): Consumers and Their Brands: Developing Relationship Theory in Consumer Research, in: Journal of Consumer Research, Vol. 24, No. 4, pp. 343-373.

Fuchs, Christoph; Diamantopulus, Adamantios (2009): Using Single-Item Measures for Construct Measurement in Management Research, in: Die Betriebswirtschaft, Vol. 69, No. 2, pp. 195-210.

Fürst, Andreas (2005): Beschwerdemanagement – Gestaltungen und Erfolgsauswirkungen, Wiesbaden.

Gelbrich, Katja (2005): Emotionen – Ein Überblick aus der Sicht der evolutionären und kognitiven Theorie, in: Mummert, Uwe; Sell, Friedrich L. (Eds.): Emotionen, Markt und Moral, Münster. pp. 17-40.

Gelbrich, Katja (2010): Anger, Frustration, and Helplessness after Service Failure: Coping Strategies and Effective Informational Support, in: Journal of the Academy of Marketing Science, Vol. 38, No. 5, pp. 567-585.

Gilliland, Stephen W. (1993): The Perceived Fairness of Selection Systems: An Organizational Justice Perspective, in: The Academy of Management Review, Vol. 18, No. 4, pp. 694-734.

Gino, Francesca; Schweitzer, Maurice (2008): Blinded by Anger or Feeling the Love: How Emotions Influence Advice Taking, in: Journal of Applied Psychology, Vol. 93, No. 5, pp. 1165-1173.

Godes, David; Mayzlin, Dina (2004): Using Online Conversations to Study Word-of-Mouth Communication, in: Marketing Science, Vol. 23, No. 4, pp. 545-560.

Godfrey, Andrea; Seiders, Kathleen; Voss, Glenn B. (2011): Enough Is Enough! The Fine Line in Executing Multichannel Relational Communication, in: Journal of Marketing, Vol. 75, No. 4, pp. 94-109.

Goldenberg, Jacob; Libai, Barak; Muller, Eitan (2001): Talk of the Network: A Complex System at the Underlying Process of Word-of-Mouth, in: Journal of the Academy of Marketing Science, Vol. 12, No. 3, pp. 211-223.

Goodwin Cathy; Ross, Ivan (1992): Consumer Responses to Service Failures: Influence of Procedural and Interactional Fairness Perceptions, in: Journal of Business Research, Vol. 25, No. 2, pp. 149-163.

Grégoire, Yany; Fisher, Robert J. (2006): The Effects of Relationship Quality on Customer Retaliation, in: Marketing Letters, Vol. 17, No. 1, pp. 31-46.

Grégoire, Yany; Fisher, Robert J. (2008): Customer Betrayal and Retaliation: When Your Best Customers Become Your Worst Enemies, in: Journal of the Academy of Marketing Science, Vol. 36, No. 2, pp. 247-261.

Grégoire; Yany; Laufer, Daniel; Tripp, Thomas M. (2010): A Comprehensive Model of Customer Direct and Indirect Revenge: Understanding the Effects of Perceived Greed and Customer Power, in: Journal of the Academy of Marketing Science, Vol. 38, No. 6, pp. 738-758.

Grégoire, Yany; Tripp, Thomas M.; Legoux, Renaud (2009): When Customer Love Turns into Lasting Hate: The Effects of Relationship Strength and Time on Customer Revenge and Avoidance, in: Journal of Marketing, Vol. 73, No. 6, pp. 18-32.

Grewal, Dhruv; Roggeveen, Anne L.; Tsiros, Michael (2008): The Effect of Compensation on Repurchase Intentions in Service Recovery, in: Journal of Retailing, Vol. 84, No. 4, pp. 424-434.

Grunwald, Guido; Hempelmann, Bernd (2012): Angewandte Marktforschung – Eine praxisorientierte Einführung, München.

Gustafsson, Anders (2009): Customer Satisfaction with Service Recovery, in: Journal of Business Research, Vol. 62, No. 11, pp. 1220-1222.

Hair, Joseph F.; Black, William C.; Babin, Barry J.; Anderson, Rolph E. (2010): Multivariate Data Analysis – A Global Perspective, Upper Saddle River.

Hart, Christopher W.; Heskett, James L.; Sasser Jr., W. Earl (1990): The Profitable Art of Service Recovery, in: Harvard Business Review, Vol. 68, No. 4, pp. 148-156.

Hartung, Joachim (2009): Statistik – Lehr- und Handbuch der angewandten Statistik, München.

Hennig-Thurau, Thorsten; Gwinner, Kevin P.; Walsh, Gianfranco; Gremler, Dwayne D. (2004): Electronic Word-of-Mouth via Consumer-Opinion Platforms: What Motivates Consumers to Articulate Themselves on the Internet?, in: Journal of Interactive Marketing, Vol. 18, No. 1, pp. 38-52.

Hennig-Thurau, Thorsten; Malthouse, Ed; Friege, Christian; Gensler, Sonja; Lobschat, Lara; Rangaswamy, Arvind; Skiera, Bernd (2010): The Impact of New Media on Customer Relationships, in: Journal of Service Research, Vol. 13, No. 3, pp. 311-330.

Herkner, Werner (1981): Einführung in die Sozialpsychologie, Bern.

Herrmann, Andreas; Landwehr, Jan R. (2008): Varianzanalyse, in: Herrmann, Andreas; Homburg, Christian; Klarmann, Martin (Eds.): Handbuch Marktforschung – Methoden– Instrumente – Praxisbeispiele, Wiesbaden, pp. 579-606.

Hess Jr., Ronald L. (2008): The Impact of Firm Reputation and Failure Severity on Customer Responses to Service Failures, in: Journal of Services Marketing, Vol. 22, No. 5, pp. 385-398.

Hess Jr., Ronald L; Ganesan, Shankar; Klein, Noreen M. (2003): Service Failure and Recovery: The Impact of Relationship Factors on Customer Satisfaction, in: Journal of the Academy of Marketing Science, Vol. 31, No. 2, pp. 127-145.

Hibbard, Jonathan D.; Kumar, Nirmalya; Stern, Louis W. (2001): Examining the Impact of Destructive Acts in Marketing Channel Relationships, in: Journal of Marketing Research, Vol. 38, No. 1, pp. 45-61.

Hinduja, Sameer (2008): Deindividiuation and Internet Software Piracy, in: CyberPsychology & Behavior, Vol. 11, No. 4, pp. 391-398

Hirschmann, Albert O. (1974): Abwanderung und Widerspruch – Reaktionen auf Leistungsabfall bei Unternehmungen, Organisationen und Staaten, in: Boettcher, Erik (Ed.) Schriften zur Kooperationsforschung, Band 8, Tübingen, S. 1-130.

Hochstädter, Dieter; Kaiser, Ulrike (1988): Varianz- und Kovarianzanalyse, Frankfurt am Main.

Hoffman, Douglas K.; Bateson, John E. (1997): Essentials of Services Marketing, Fort Worth.

Hoffman, Douglas K.; Bateson, John E. (2011): Services Marketing: Concepts, Strategies, & Cases, Mason.

Holloway, Betsy B; Beatty, Sharon E. (2003): Service-Failure in Online-Retailing, in: Journal of Service Research, Vol. 6, No. 1, pp. 92-105.

Homburg, Christian; Giering, Annette (1996): Konzeptionalisierung und Operationalisierung komplexer Konstrukte, in: Marketing – Zeitschrift für Theorie und Praxis, Vol. 18, No. 1, pp. 5-24.

Homburg, Christian; Fürst, Andreas; Koschate, Nicole (2010): On the Importance of Complaint Handling Design: A Multi-Level Analysis of the Impact in Specific Complaint Situations, in: Journal of the Academy of Marketing Science, Vol. 38, No. 3, pp. 265-287.

Homburg, Christian; Koschate, Nicole; Hoyer, Wayne D. (2005): Do Satisfied Customers Really Pay More? A Study of the Relationship between Customer Satisfaction and Willingness to Pay, in: Journal of Marketing, Vol. 69, No. 2, pp. 85-96.

Homburg, Christian; Kuester, Sabine; Krohmer, Harley (2009): Marketing Management – A Contemporary Perspective, Berkshire.

Homburg, Christian; Schäfer, Heiko; Schneider, Janna (2003): Sales Excellence - Vertriebsmanagement mit System, Wiesbaden.

Hughes, Douglas E.; Ahearne, Michael (2010): Energizing the Reseller´s Sales Force: The Power of Brand Identification, in: Journal of Marketing, Vol. 74, No. 4, pp. 81-96.

Hunt, Shelby D.; Sparkman Jr., Richard D.; Wilcox, James B. (1982): The Pretest in Survey Research: Issues and Preliminary Findings, in: Journal of Marketing Research, Vol. 19, No. 2, pp. 269-273.

IVW (2012): http://www.ivw.de/index.php?menuid=37, letzter Abruf am: 03.09.2012.

Jansen, Jürgen; Laatz, Wilfried (2007): Statistische Datenanalyse mit SPSS für Windows, Berlin.

Jessup, Leonard M.; Connolly, Terry; Galegher, Jolene (1990): The Effects of Anonymity on GDSS Group Process with an Idea-Generating Task, in: MIS Quarterly, Vol. 14, No. 3, pp. 313-321.

Johnson, Devon S.; Bardhi, Fleura; Dunn, Dan T. (2008): Understanding How Affect Customer Satisfaction with Self-Service Technology: The Role of Performance Ambiguity and Trust in Technology, in: Psychology and Marketing, Vol. 25, No. 5, pp. 416-443.

Kahai, Surinder S.; Cooper, Randolph B. (2003): Exploring the Core Concepts of Media-Richness-Theory: The Impact of Cue Multiplicity and Feedback Immediacy on Decision Quality, in: Journal of Management Information Systems, Vol. 20, No. 1, pp. 263-299.

Kalamas, Maria; Laroche, Michel; Makdessian, Lucy (2008): Reaching the Boiling Point: Consumers´ Negative Affective Reactions to Firm-Attributed Service Failures, in: Journal of Business Research, Vol. 61, No. 8, pp. 813-824.

Karande, Kiran; Magnini, Vincent P.; Tam, Leona (2007): Recovery Voice and Satisfaction After Service Failure – An Experimental Investigation of Mediating and Moderating Factors, in: Journal of Service Research, Vol. 10, No. 2, pp. 187-203.

Keaveney, Susan M. (1995): Customer Switching Behavior in Service Industries: An Explanatory Study, in: Journal of Marketing, Vol. 59, No. 2, pp. 71-82.

Kelley, Scott W.; Davis, Mark A. (1994): Antecedents of Customer Expectations for Service Recovery, in: Journal of the Academy of Marketing Science, Vol. 22, No. 1, pp. 52-61.

Kiang, Melody Y.; Raghu, T. S.; Shang, Huei-Min (2000): Marketing on the Internet – Who Can Benefit from an Online Marketing Approach?, in: Decision Support Systems, Vol. 27, No. 4, pp. 383-393.

Kim, Young Y. (1977): Communication Patterns of Foreign Immigrants in the Process of Acculturation, in: Human Communication Research, Vol. 4, No. 1, pp. 66-77.

Kotler, Philip; Armstrong, Gary; Wong, Veronica; Saunders, John (2011): Grundlagen des Marketing, München.

Kowalski, Robin M. (1996): Complaints and Complaining: Functions, Antecedents, and Consequences, in: Psychological Bulletin, Vol. 119, No. 2, pp. 179-196.

Kuenzel, Sven; Halliday, Sue V. (2008): Investigating Antecedents and Consequences of Brand Identification, in: Journal of Product & Brand Management, Vol. 17, No. 5, pp. 293-304.

Kundenmonitor Deutschland (2011): http://www.servicebarometer.net/kundenmonitor/tl_files/files/PM110915_kundenmonitor2011.pdf, letzter Abruf am: 13.09.2012

Lakey, Brian; Cohen, Sheldon (2000): Social Support Theory and Measurement, in: Cohen, Sheldon; Underwood, Lynn G.; Gottlieb, Benjamin H. (Eds.): Social Support Measurement and Interventions: A Guide for Health and Social Scientists, New York, pp. 29-52.

Lapidot-Lefler, Noam; Barak, Azy (2012): Effects of Anonymity, Invisibility, and Lack of Eye-Contact on Toxic Online Disinhibition, in: Computers in Human Behavior, Vol. 28, No. 2, pp. 434-443.

Lapidus, Richard S.; Pinkerton, Lori (1995): Customer Complaint Situations: An Equity-Theory Perspective, in: Psychology and Marketing, Vol. 12, No. 2, pp. 105-122.

Laros, Fleur J.; Steenkamp, Jan-Benedict E. (2005): Emotions in Consumer Behavior: A Hierarchical Approach, in: Journal of Business Research, Vol. 58, No. 10, pp. 1437-1445.

Lazarus, Richard S. (1984): On the Primacy of Cognition, in: American Psychologist, Vol. 39, No. 2, pp. 124-129.

Lazarus, Richard S. (1991a): Cognition and Motivation in Emotion, in: American Psychologist, Vol. 46, No. 4, pp. 352-367.

Lazarus, Richard S. (1991b): Emotion and Adaptation, New York.

Lazarus, Richard S.; DeLongis, Anita (1983): Psychological Stress and Coping in Aging, in: American Psychologist, Vol. 38, No. 3, pp. 245-254.

Lazarus, Richard S.; Folkman, Susan (1984): Stress, Appraisal, and Coping, New York.

Le Bon, Gustave (1896): The Crowd: A Study of the Popular Mind, New York.

Lengel, Robert H.; Daft, Richard L. (1989): The Selection of Communication Media as an Executive Skill, in: The Academy of Management Executive, Vol. 2, No. 3, pp. 225-232.

Lerner, Jennifer S.; Tiedens, Larissa Z. (2006): Portrait of the Angry Decision Maker: How Appraisal Tendencies Shape Anger´s Influence on Cognition, in: Journal of Behavioral Decision Making, Vol. 19, No. 2, pp. 115-137.

Lovelock, Christopher H. (1983): Classifying Services to Gain Strategic Marketing Insights, in: Journal of Marketing, Vol. 47, No. 3, pp. 9-20.

Lusch, Robert F.; Vargo, Stephen L.; O´Brien, Matthew (2007): Competing Through Service: Insights from Service-Dominant Logic, in: Journal of Retailing, Vol. 83, No. 1, pp. 5-18.

Lydon, John E.; Zanna, Mark E. (1990): Commitment in the Face of Adversity: A Value-Affirmation Approach, in: Journal of Personality and Social Psychology, Vol. 58, No. 6, pp. 1040-1047.

Martinez-Tur; Vicente; Peiró; José M.; Ramos, José; Moliner, Carolina (2006): Justice Perceptions as Predictors of Customer Satisfaction: The Impact of Distributive, Procedural, and Interactional Justice, in: Journal of Applied Social Psychology, Vol. 36, No. 1, pp. 100-119.

Maslow, Abraham H. (1943): A Theory of Human Motivation, in: Psychological Review, Vol. 50, No. 4, pp. 370-396.

Mattila, Anna S.; Wirtz, Jochen (2004): Consumer Complaining to Firms: The Determinants of Channel Choice, in: Journal of Services Marketing, Vol. 18, No. 2, pp. 147-155.

Maxham III, James G. (2001): Service Recovery's Influence on Customer Satisfaction, Positive Word-of-Mouth, and Purchase Intentions, in: Journal of Business Research, Vol. 54, No. 1, pp. 11-24.

McAlister; Debbie T.; Erffmeyer, Robert C. (2003): A Content Analysis of Outcomes and Responsibilities for Consumer Complaints to Third-Party Organizations, in: Journal of Business Research, Vol. 56, No. 4, pp. 341-351.

McColl-Kennedy, Janet R.; Patterson, Paul G.; Smith, Amy K. (2009): Customer Rage Episodes: Emotions, Expressions and Behaviors, in: Journal of Retailing, Vol. 85, No. 2, pp. 222-237.

McKenna, Katelyn Y.; Bargh, John A. (2000): Plan 9 from Cyberspace: The Implications of the Internet for Personality and Social Psychology, in: Personality and Social Psychology Review, Vol. 4, No. 1, pp. 57-75.

Meffert, Heribert; Bruhn, Manfred (2009): Dienstleistungsmarketing: Grundlagen – Methoden – Konzepte, Wiesbaden.

Meffert, Heribert; Burmann, Christoph; Kirchgeorg, Manfred (2012): Marketing: Grundlagen marktorientierter Unternehmensführung: Konzepte – Instrumente – Praxisbeispiele, Wiesbaden.

Michel, Stefan; Bowen, David; Johnston, Robert (2009): Why Service Recovery Fails: Tensions Among Customer Employee and Process Perspectives, in: Journal of Service Management, Vol. 20, No. 3, pp. 253-273.

Miller, Janis L.; Craighead, Christopher W.; Karwan, Kirk R. (2000): Service Recovery: A Framework and Empirical Investigation, in: Journal of Operations Management, Vol. 18, No. 4, pp. 387-400.

Mittal, Vikas; Huppertz, John W.; Khare, Adwait (2008): Customer Complaining: The Role of Tie Strength and Information Control, in: Journal of Retailing, Vol. 84, No. 2, pp. 195-204.

Möhring, Wiebke; Schlütz, Daniela (2010): Die Befragung in der Medien- und Kommunikationswissenschaft – Eine praxisorientierte Einführung, Wiesbaden.

Moeller, Sabine (2008): Customer Integration – A Key to an Implementation Perspective of Service Provision, in: Journal of Service Research, Vol. 11, No. 2, pp. 197-210.

Morrill, Calvin; Thomas, Cheryl K. (1992): Organizational Management as Disputing Process: The Problem of Social Escalation, in: Human Communication Research, Vol. 18, No. 3, pp. 400-428.

Murray, Keith B. (1991): A Test of Services Marketing Theory: Consumer Information Acquisition Activities, in: Journal of Marketing, Vol. 55, No. 1, pp. 10-25.

Nkwocha, Innocent; Bao, Yeqing: Johnson, William C.; Brotspies, Herbert V. (2005): Product Fit and Consumer Attitude toward Brand Extensions: The Moderating Role of Product Involvement, in: Journal of Marketing Theory & Practice, Vol. 13, No. 3, pp. 49-61.

Nunnally, Jum C. (1978): Psychometric Theory, New York.

Nyer, Prashant U. (1997): A Study of the Relationships between Cognitive Appraisals and Consumption Emotions, in: Journal of the Academy of Marketing Science, Vol. 25, No. 4, pp. 296-304.

Nyer, Prashanth U.; Gopinath, Mahesh (2005): Effects of Complaining versus Negative Word of Mouth on Subsequent Changes in Satisfaction: The Role of Public Commitment, in: Psychology & Marketing, Vol. 22, No. 12, pp. 937-953.

Oliver, Richard L. (1980): A Cognitive Model of Antecedents and Consequences of Satisfaction Decisions, in: Journal of Marketing Research, Vol. 17, No. 4, pp. 460-469.

Parasuraman, A.; Zeithaml, Valarie A.; Berry, Leonard L. (1985): A Conceptual Model of Service Quality and Its Implications for Future Research, in: Journal of Marketing, Vol. 49, No. 4, pp. 41-50.

Pedhazur, Elazar J.; Schmelkin, Liora (1991): Measurement, Design, and Analysis: An Integrated Approach, New Jersey.

Pepels, Werner (2008): Grundzüge des Beschwerdemanagements, in: Helmke, Stefan; Uebel, Matthias F.; Dangelmaier, Wilhelm (Eds.): Effektives Customer Relationship Management: Instrumente – Einführungskonzepte – Organisation, Wiesbaden, pp. 103-117.

Perdue, Barbara C.; Summers; John O. (1986): Checking the Success of Manipulations in Marketing Experiments, in: Journal of Marketing Research, Vol. 23, No. 4, pp. 317-326.

Peterson, Robert A. (1994): A Meta-Analysis of Cronbach´s Alpha, in: Journal of Consumer Research, Vol. 21, No. 2, pp. 381-391.

Peterson, Robert A.; Albaum, Gerald; Beltramini, Richard F. (1985): A Meta-Analysis of Effect Sizes in Consumer Behavior Experiments, in: Journal of Consumer Research, Vol. 12, No. 1, pp. 97-103.

Ping Jr., Robert A. (1993): The Effects of Satisfaction and Structural Constraints on Retailer Exiting, Voice, Loyalty, Opportunism, and Neglect, in: Journal of Retailing, Vol. 69, No. 3, pp. 320-352.

Plutchik, Robert (1982): A Psychoevolutionary Theory of Emotions, in: Social Science Information, Vol. 2, No. 4-5, pp. 529-553.

Plutchik, Robert (1985): On Emotion: The Chicken-and-Egg-Problem Revisited, in: Motivation and Emotion, Vol. 9, No. 2, pp. 197-200.

Plutchik, Robert (2001): The Nature of Emotions, in: American Scientist, Vol. 89, No. 4, pp. 344-350.

Postmes, Tom; Spears, Russell (1998): Deindividuation and Antinormative Behavior: A Meta-Analysis, in: Psychological Bulletin, Vol. 123, No. 3, pp. 238-259.

Postmes, Tom; Spears, Russell, Lea, Martin (1998): Breaching or Building Social Boundaries: SIDE-Effects of Computer-Mediated-Communication, in: Communication Research, Vol. 25, No. 6, pp. 689-715.

Prahalad, Coimbatore K.; Ramaswamy, Venkatram (2000): Co-Opting Customer Competence, in: Harvard Business Review, Vol. 78, No.1, pp. 79-87.

Raithel, Jürgen (2008): Quantitative Forschung – Ein Praxiskurs, Wiesbaden.

Rathmell, John M. (1965): What Is Meant by Services?, in: Journal of Marketing, Vol. 30, No. 4, pp. 32-36.

Reinig, Bruce A.; Briggs, Robert O.; Nunamaker, Jay F. (1998): Flaming in the Electronic Classroom, in: Journal of Management Information Systems, Vol. 14, No. 3, pp. 45-59.

Reynolds, Kate L.; Harris, Lloyd C. (2005): When Service Failure is Not Service Failure: An Exploration of the Forms and Motives of Illegitimate Customer Complaining, in: Journal of Services Marketing, Vol. 15, No. 5, pp. 321-335.

Richins Marsha L. (1983): Negative Word-of-Mouth by Dissatisfied Consumers: A Pilot Study, in: Journal of Marketing, Vol. 47, No.1, pp. 68-78.

Richins, Marsha L. (1997): Measuring Emotions in the Consumption Experience, in: Journal of Consumer Research, Vol. 24, No. 2, pp. 127-146.

Riemer, Martin (1986): Beschwerdemanagement, Frankfurt am Main.

Rosario, Margaret; Shinn, Marybeth; Mørch, Hanne; Huckabee, Carol B. (1988): Gender Differences in Coping and Social Supports: Testing Socialization and Role Constraint Theories, in: Journal of Community Psychology, Vol. 16, No. 1, pp. 55-69.

Rossiter, John R. (2002): The C-OAR-SE Procedure for Scale Development in Marketing, in: International Journal of Research in Marketing, Vol. 19, No. 4, pp. 305-335.

Rusbult, Caryl E.; Zembrodt, Isabella M.; Gunn, Lawanna K. (1982): Exit, Voice, Loyalty and Neglect: Responses to Dissatisfaction in Romantic Involvements, in: Journal of Personality and Social Psychology, Vol. 43, No. 6, pp. 1230-1242.

Sarris, Victor; Reis, Siegbert (2005): Kurzer Leitfaden der Experimentalpsychologie, München.

Scherer, Klaus R. (2005): What Are Emotions? And How Can They Be Measured?, in: Social Science, Vol. 44, No. 4, pp. 695-729.

Schmidt, Stephan (2009): Mundpropaganda als steuerbares Marketinginstrument, Hamburg.

Schnell, Rainer; Hill, Paul; Esser, Elke (2008): Methoden der empirischen Sozialforschung, München.

Schoefer, Klaus; Diamantopulus, Adamantios (2008): The Role of Emotions in Translating Perceptions of (In) Justice into Postcomplaint Behavioral Responses, in: Journal of Service Research, Vol 11, No. 1, pp. 91-103.

Siegel, Jane; Dubrovsky, Vitaly; Kiesler, Sara; McGuire, Timothy W. (1986): Group Processes in Computer-Mediated Communication, in: Organizational Behavior and Human Decision Processes, Vol. 37, No. 2, pp. 157-187.

Singh, Jagdip (1988): Consumer Complaint Intentions and Behavior: Definitional and Taxonomical Issues, in: Journal of Marketing, Vol. 52, No. 1, pp. 93-107.

Singh, Jagdip (1990a): Voice, Exit and Negative Word-of-Mouth Behaviors: An Investigation across Three Service Categories, in: Journal of the Academy of Marketing Science, Vol. 18, No. 1, pp. 1-15.

Singh, Jagdip (1990b): A Typology of Consumer Dissatisfaction Response Styles, in: Journal of Retailing, Vol. 66, No. 1, pp. 57-99.

Smith, Amy K.; Bolton, Ruth N. (2002): The Effect of Customers´ Emotional Responses to Service Failures on Their Recovery Effort Evaluations and Satisfaction Judgments, in: Journal of the Academy of Marketing Science, Vol. 30, No. 1, pp. 5-23.

Smith, Amy K.; Bolton, Ruth; Wagner, Janet (1999): A Model of Customer Satisfaction with Service Encounters Involving Failure and Recovery, in: Journal of Marketing Research, Vol. 33, No. 3, pp. 356-372.

Sproull, Lee; Kiesler, Sara (1986): Reducing Social Context Cues: Electronic Mail in Organizational Communications, in: Management Science, Vol. 32, No. 1, pp. 1492-1512.

Stauss, Bernd: Seidel, Wolfgang (2002): Beschwerdemanagement – Kundenbeziehungen erfolgreich managen durch Customer Care, Wien.

Stephens, Nancy; Gwinner, Kevin P. (1998): Why Don´t Some People Complain? A Cognitive Emotive Process Model of Consumer Complaint Behavior, in: Journal of the Academy of Marketing Science, Vol. 26, No. 3, pp. 172-189.

Stevens, James P. (1996): Applied Multivariate Statistics for the Social Science, Mahwah.

Stokburger-Sauer, Nicola (2010): Brand Community: Drivers and Outcomes, in: Psychology & Marketing, Vol. 27, No. 4, pp. 347-368.

Suler, John (2004): The Online Disinhibition Effect, in: Cyberpsychology & Behavior, Vol. 7, No. 3, pp. 321-326.

Sundaram, D.S.; Mitra, Kaushik; Webster, Cynthia (1998): Word-of-Mouth-Communication: A Motivational Analysis, in: Advances in Consumer Research, Vol. 25, No. 1, pp. 527-531.

Swaminathan, Vanitha; Page, Karen L.; Gürhan-Canli., Zeynep (2007): My Brand or Our Brand: The Effects of Brand Relationship Dimensions and Self-Construal on Brand Evaluations, in: Journal of Consumer Research, Vol. 34, No. 2, pp. 248-259.

Swanson, Scott R.; Hsu, Maxwell K. (2011): The Effect of Recovery Locus Attributions and Service Failure Severity on Word-of-Mouth and Repurchase Behaviors in the Hospitality Industry, in: Journal of Hospitality & Tourism Research, Vol. 35, No. 4, pp. 511-529.

Tamres, Lisa K.; Janicki, Denise; Helgeson, Vicki S. (2002): Sex Differences in Coping Behavior: A Meta-Analytic Review and Examination of Relative Coping, in: Personal Social Psychology Review, Vol. 6, No. 1, pp. 2-30.

Taylor, Shelley E.; Sherman, David K.; Kim, Heejung S.; Jarcho, Johann; Takagi, Kaori; Dunagan, Melissa S. (2004): Culture and Social Support: Who Seeks It and Why?, in: Journal of Personality and Social Psychology, Vol. 87, No. 3, pp. 354-362.

Thøgersen, John; Juhl; Hans J.; Poulsen, Carsten S. (2009): Complaining: A Function of Attitude, Personality, and Situation, in: Psychology & Marketing, Vol. 26, No. 8, pp. 760-777.

Tronvoll, Bård (2007): Negative Emotions and Their Effect on Customer Complaint Behaviour, in: Journal of Service Management, Vol. 22, No. 1, pp. 111-134.

Tronvoll, Bård (2012): A Dynamic Model of Customer Complaining Behavior From the Perspective of Service-Dominant Logic, in: European Journal of Marketing, Vol. 46, No. 1, pp. 284-305.

Van Doorn, Jenny; Lemon, Katherine N.; Mittal, Vikas; Nass, Stephan; Pick, Doréen; Pirner, Peter; Verhoef, Peter C. (2010): Customer Engagement Behavior: Theoretical Foundations and Research Directions, in: Journal of Service Research, Vol.13, No.3, pp. 253-266.

Vargo, Stephen L.; Lusch, Robert F. (2004): Evolving to a New Dominant Logic for Marketing, in: Journal of Marketing, Vol. 68, No.1, pp. 1-17.

Vargo, Stephen L.; Lusch, Robert F. (2008): Service-Dominant Logic: Continuing the Evolution, in: Journal of the Academy of Marketing Science, Vol. 10, No. 1, pp. 1-10.

Verlegh, Peter W.; Steenkamp, Jan-Benedict E. (1999): A Review and Meta-Analysis of Country-of-Origin Research, in: Journal of Economic Psychology, Vol. 20, No. 5, pp. 521-546.

Vickery, Shawnee K.; Droge, Cornelia; Stank, Theodore P.; Goldsby, Thomas J.; Markland, Robert E. (2004): The Performance Implications of Media Richness in a Business-to-Business Service Environment: Direct versus Indirect Effects, in: Management Science, Vol. 50, No. 8, pp. 1106-1119.

Von Scheve, Christian (2012): Die sozialen Grundlagen der Emotionsentstehung: Kognitive Strukturen und Prozesse, in: Schnabel, Annette; Schützeichel, Rainer (Eds.): Emotionen, Sozialstruktur und Moderne, Wiesbaden, pp. 115-139.

Wagner, Tillmann; Hennig-Thurau, Thorsten; Thomas, Rudolph (2009): Does Customer Demotion Jeopardize Loyalty?, in: Journal of Marketing, Vol. 73, No. 3, pp. 69-85.

Wallace, Patricia (1999): The Psychology of the Internet, Cambridge.

Walster, Elaine; Berscheid, Ellen; Walster, G. William (1973): New Directions in Equity Research, in: Journal of Personality and Social Psychology, Vol. 25, No. 2, pp. 151-176.

Ward, James C.; Ostrom, Amy L. (2006): Complaining to the Masses: The Role of Protest Framing in Customer, Created Complaint Web Sites, in: Journal of Consumer Research, Vol. 33, No. 2, pp. 220-230.

Webster Jr., Frederick E. (2009): Marketing IS Management: The Wisdom of Peter Drucker, in: Journal of the Academy of Marketing Science, Vol. 37, No. 1, pp. 20-27.

Weiner, Bernard (2000): Reflections and Reviews Attributional Thoughts about Consumer Behavior, in: Journal of Consumer Research, Vol. 27, No. 3, pp. 382-387.

Westbrook, Robert A. (1987): Product/Consumption-Based Affective Responses and Postpurchase Processes, in: Journal of Marketing, Vol. 24, No. 3, pp. 258-270.

Westbrook, Robert A.; Oliver, Richard L. (1991): The Dimensionality of Consumption Emotion Patterns and Consumer Satisfaction, in: Journal of Consumer Research, Vol. 18, No. 1, pp. 84-91.

Wetzer, Inge M.; Zeelenberg, Marcel; Pieters, Rik (2007): Never Eat in the Restaurant I Did: Exploring Why People Engage in Negative Word-of-Mouth Communication, in: Psychology & Marketing, Vol. 24, No. 8, pp. 661- 680.

Weun, Seungoog; Beatty, Sharon E.; Jones, Michael A. (2004): The Impact of Service Failure Severity on Service Recovery Evaluations and Post-Recovery Relationships, in: Journal of Services Marketing, Vol. 18, No. 2, pp. 133-146.

Wired (2012): http://www.wired.com/wired/archive/14.06/crowds.html, letzter Abruf am 04.09.2012.

Xu, David S.; Cenfetelli, Ronald T.; Aquino, Karl (2012): The Influence of Media Cue Multiplicity on Deceivers and Those Who Are Deceived, in: Journal of Business Ethics, Vol. 106, No. 3, pp. 337-352.

Ybarra, Michele L; Mitchell, Kimberly J. (2004): Youth Engaging in Online Harassment: Associations with Caregiver-Child Relationships, Internet Use, and Personal Characteristics, in: Journal of Adolescence, Vol. 27, No. 3, pp. 319-336.

Yi, Sunghwan; Baumgartner, Hans (2004): Coping with Negative Emotions in Purchase-Related Situations, in: Journal of Consumer Psychology, Vol. 14, No. 3, pp. 303-317.

Zaugg, Alexandra D. (2006): Channelspecific Consumer Complaint Behaviour: The Case of Online Complaining, Working Paper No. 183, Institut für Wirtschaftsinformatik der Universität Bern, Bern.

Zaugg, Alexandra D. (2007): Online Complaint Management@Swisscom – A Case Study, Working Paper No. 193, Institut für Wirtschaftsinformatik, Universität Bern, Bern.

Zaugg, Daniela (2008): Why Do Complainants Express Their Dissatisfaction Online? – Determinants Explaining the Propensity to Complain Online, in: Goodwin, Stephen A.; Celuch, Kevin G.; Taylor, Steve A.: Consumer Satisfaction, Dissatisfaction and Complaining Behavior Conference Proceedings, pp. 215-239.

Zaugg, Alexandra D.; Jäggi, Natalie (2006): The Impact of Customer Loyalty on Complaining Behavior, in: IADIS International Conference WWW/Internet Proceedings, pp. 119-123.

Zeelenberg, Marcel; Pieters, Rik (2004): Beyond Valence in Customer Dissatisfaction: A Review and New Findings on Behavioral Responses to Regret and Disappointment in Failed Services, in: Journal of Business Research, Vol. 57, No. 4, pp. 445-455

Zeithaml, Valarie A.; Berry, Leonard L.; Parasuraman, A. (1993): The Nature and Determinants of Customer Expectations of Service, in: Journal of the Academy of Marketing Science, Vol. 21, No. 1, pp. 1-12.

Zeithaml, Valarie A.; Berry Leonard L.; Parasuraman, A. (1996): The Behavioral Consequences of Service Quality, in: Journal of Marketing, Vol. 60, No. 2, pp. 31-46.

Zeithaml, Valarie A.; Bitner, Mary J.; Gremler, Dwayne D. (2008): Services Marketing - Integrating Customer Focus Across the Firm, Berkshire.

Zeithaml, Valarie A.; Parasuraman, A.; Berry, Leonard, L. (1985): Problems and Strategies in Services Marketing, in: Journal of Marketing, Vol. 49, No. 2, pp. 33-46.

Zhang, Jason Q.; Craciun, Georgiana; Shin, Dongwoo (2010): When Does Electronic Word-of-Mouth Matter? A Study of Consumer Product Reviews, in: Journal of Business Research, Vol. 63, No. 12, pp. 1336-1341.

Zimbardo, Philip G. (1969): The Human Choice: Individuation, Reason, and Order versus Deindividuation, Impulse, and Chaos, in: Arnold, William J; Levine, David (Eds.): Nebraska Symposium on Motivation, Vol. 17, pp. 237-312.

MARKETING

Herausgegeben von Prof. Dr. Heribert Gierl, Augsburg, Prof. Dr. Roland Helm, Regensburg, Prof. Dr. Frank Huber, Mainz, und Prof. Dr. Henrik Sattler, Hamburg

Band 78
Frank Huber, Eva Appelmann und Sebastian Schneider
Die Relevanz von Kundenbindungsprogrammen im Pricing – Eine varianzanalytische Untersuchung der Aviation-Branche
Lohmar – Köln 2017 • 140 S. • € 50,- (D) • ISBN 978-3-8441-0504-9

Band 79
Lisa Monika Anna Mützel
Why Do They Make Things so Complicated? – Desperate Consumers in Complex Buying Situations
Lohmar – Köln 2017 • 340 S. • € 70,- (D) • ISBN 978-3-8441-0511-7

Band 80
Frank Huber, Sebastian Schneider und Martin Stein
Innovatoren als attraktives Kundensegment für die Vermarktung von Smartphones – Die Relevanz von Consumer Innovativeness für Preisfairness, Brand Love und Word-of-Mouth-Intention
Siegburg 2018 • 144 S. • € 50,- (D) • ISBN 978-3-8441-0569-8

Band 81
Axel Böttger
Interpersonelle und -organisationale Einflussstrukturen beim Marktzugang von Innovationen in regulierte Märkte – Eine empirische Analyse am Beispiel der Personalisierten Medizin
Siegburg 2019 • 320 S. • € 68,- (D) • ISBN 978-3-8441-0583-4

Band 82
Frank Huber, Frederik Meyer, Maximilian Wagner und Isabelle Weißhaar-Fabiszak
Determinanten konstruktiver und destruktiver Beschwerde – Eine Analyse von Treibern verschiedener Beschwerdearten unter Berücksichtigung der Markenidentifikation
Siegburg 2019 • 132 S. • € 50,- (D) • ISBN 978-3-8441-0587-2

JOSEF EUL VERLAG